国家级物理实验教学示范中心系列教材

体 验 科 学

——物理演示实验教程

孙锡良　李旭光　杨兵初　主编

科学出版社

北　京

内 容 简 介

本书为物理演示实验教材,包括力学、热学、振动和波动、电磁学、光学、近代物理与综合实验六大部分,共计180余个实验.其中力学实验33个,热学实验10个,振动和波动实验21个,电磁学实验55个,光学实验49个,近代物理与综合实验17个.为了拓展学生兴趣,还选编了"十大物理实验"和"十大实验型物理学家"作为附录.

本书不仅适合各专业大学生使用,也适合物理爱好者及研究者使用,还可作为科普读物推广阅读.

图书在版编目(CIP)数据

体验科学:物理演示实验教程/孙锡良,李旭光,杨兵初主编.—北京:科学出版社,2012

国家级物理实验教学示范中心系列教材

ISBN 978-7-03-035919-3

Ⅰ.①体… Ⅱ.①孙…②李…③杨… Ⅲ.①物理学–实验–高等学校–教材 Ⅳ.①O41-33

中国版本图书馆 CIP 数据核字(2012)第 257938 号

责任编辑:窦京涛/责任校对:朱光兰
责任印制:徐晓晨/封面设计:迷底书装

科 学 出 版 社出版
北京东黄城根北街 16 号
邮政编码:100717
http://www.sciencep.com

北京京华虎彩印刷有限公司 印刷
科学出版社发行 各地新华书店经销

*

2012 年 12 月第 一 版 开本:720×1000 B5
2017 年 2 月第四次印刷 印张:15
字数:286 000

定价:49.00 元
(如有印装质量问题,我社负责调换)

前　言

　　物理实验是理工科学生的一门主要公共基础课程,它对于培养学生观察、分析的思维能力和激发学习物理学的兴趣、提高科学素质均是不可或缺的. 物理实验分为定量实验和定性实验,物理演示实验属于定性实验,旨在观察现象、验证理论、激发兴趣.传统意义上的物理实验是根据教学内容,教师在台上做、学生在台下看,这不利于培养学生的动手能力及创新能力.

　　近十余年来,随着国家对高等教育投入力度的进一步加大,全国高校对物理演示实验室建设更加重视,相继研制了一大批结构简单、设计巧妙、演示效果好的实验设备,在教学中收到了良好的效果,大大促进了各专业大学生学习物理的兴趣,把探索枯燥的科学理论寓于生动有趣的物理实验之中,达到了用理论指导实验、再用实验结果强化对理论更加深入认识的良性循环. 中南大学在建设国家工科物理教学基地和国家级物理实验教学示范中心的过程中,加大物理演示实验室的建设力度,使其成为开放式的物理教学平台,时间开放、空间开放、资源开放,面向全校所有对物理实验有兴趣并愿意到物理演示实验室进行探究的学生,在此基础上,开设了"体验科学"选修课程. 本书就是在原讲义的基础上修订而成的.

　　本书包括力学、热学、振动和波动、电磁学、光学、近代物理与综合实验六大部分,共计180余个实验,其中力学实验33个,热学实验10个,振动和波动实验21个,电磁学实验55个,光学实验49个,近代物理与综合实验17个. 全书各实验项目均以"实验内容"、"物理原理"、"实验方法"、"注意事项"、"兴趣拓展"、"探索思考"六个部分展开. 在叙述上尽量避免繁琐的物理公式,力求用通俗易懂的语言、实物照片和简图对物理实验项目进行说明. 为了增加对物理学史的了解,选编了"十大物理实验"和"十大实验型物理学家"作为附录供读者阅读.

　　本实验教程的一个特色是引入了一些现代科学技术应用实例,比如飞机陀螺仪、声呐探测、激光武器、军用电磁炮、光纤通信、手机屏蔽、冶金电炉和太阳能电池等,让学生把所观所学联系实际应用,进一步激发学生探索科学技术前沿和更加宽广的应用领域的积极性,引导学生自主开展一些基于物理学原理的科技创新活动,以提高学生的创新意识和能力. 经过教学实践,收到了良好效果. 本书不仅适合理、工、医各专业的大学生和从事物理教学的教师使用,也可供科学爱好者阅读.

　　本书的编写融合了作者多年来从事物理实验教学的实践经验,同时又吸收了同事们丰富的教学经验,借鉴了国内同类型教材的优秀成果. 本书由李旭光、孙锡良编写,由杨兵初统稿. 在编写过程中,得到了周克省、周一平、罗益民、唐英几位教授及徐富新副教授的指导和审定,在此表示衷心感谢.

　　由于编写时间仓促和编者水平有限,书中缺点和错误在所难免,恳请读者批评指正.

编　者

2012 年 12 月于岳麓山

目　　录

前言
第1章　力学 ·· 1
　一、质点力学 ·· 1
　　1.1　百发百中 ·· 1
　　1.2　小桶传球 ·· 2
　　1.3　向心力实验 ·· 3
　　1.4　离心轨道 ·· 4
　　1.5　离心力演示仪 ·· 6
　　1.6　弹性碰撞实验 ·· 7
　　1.7　逆水行舟 ·· 9
　　1.8　角速度矢量合成 ·· 9
　　1.9　动量守恒小车 ·· 10
　　1.10　质心运动 ··· 11
　　1.11　科里奥利力实验 ······································· 13
　　1.12　万有引力模拟 ··· 14
　　1.13　三球仪 ··· 15
　二、刚体力学 ·· 17
　　1.14　滚摆 ··· 17
　　1.15　转动定律实验 ··· 18
　　1.16　角动量守恒（一） ····································· 19
　　1.17　角动量守恒（二） ····································· 20
　　1.18　茹可夫斯基椅 ··· 21
　　1.19　进动仪 ··· 22
　　1.20　陀螺仪 ··· 25
　　1.21　回转仪 ··· 26
　　1.22　圆锥爬坡 ··· 27
　　1.23　滑坡竞赛 ··· 28
　三、流体力学 ·· 29
　　1.24　伯努利悬浮器 ··· 29
　　1.25　气体流速与压强的关系 ································· 30

　　1.26　飞机升力 ···················· 32

　　1.27　听话的小球 ···················· 33

　　1.28　转动液体内部压强分布实验 ················ 34

　　1.29　真空物理现象 ···················· 35

　　1.30　龙卷风 ···················· 35

　　1.31　气体涡旋 ···················· 36

　　1.32　空气黏滞力 ···················· 36

　　1.33　空气泡 ···················· 37

第2章　热学 ···················· 38

　一、统计物理学 ···················· 38

　　2.1　伽尔顿板 ···················· 38

　　2.2　分子运动速率分布 ···················· 39

　　2.3　玻尔兹曼分布 ···················· 40

　二、热力学 ···················· 41

　　2.4　模拟电冰箱 ···················· 41

　　2.5　温差发电 ···················· 43

　　2.6　热声效应 ···················· 44

　　2.7　光压热机 ···················· 45

　　2.8　斯特林热机 ···················· 46

　　2.9　投影式相临界点状态 ···················· 47

　　2.10　饮水鸟 ···················· 47

第3章　振动和波动 ···················· 49

　一、振动 ···················· 49

　　3.1　弹簧振子 ···················· 49

　　3.2　单摆 ···················· 49

　　3.3　傅科摆 ···················· 50

　　3.4　简谐振动的合成 ···················· 51

　　3.5　傅里叶振动合成 ···················· 53

　　3.6　共振仪 ···················· 54

　　3.7　共振片 ···················· 54

　二、波动 ···················· 56

　　3.8　纵波演示器 ···················· 56

　　3.9　音叉 ···················· 57

　　3.10　波动合成仪 ···················· 58

　　3.11　水波干涉 ···················· 59

　3.12　竖驻波 ……………………………………………………… 60

　3.13　驻波共振 …………………………………………………… 61

　3.14　磁场致弦线振动 …………………………………………… 62

　3.15　昆特管 ……………………………………………………… 63

　3.16　声波波形 …………………………………………………… 64

　3.17　声聚焦装置 ………………………………………………… 65

　3.18　多普勒效应 ………………………………………………… 66

　3.19　鱼洗 ………………………………………………………… 67

　3.20　看得见的"声波" …………………………………………… 68

　3.21　声速测定仪 ………………………………………………… 68

第4章　电磁学 …………………………………………………………… 71

一、电场 …………………………………………………………………… 71

　4.1　电场线 ……………………………………………………… 71

　4.2　电风轮、电风吹烛焰 ……………………………………… 72

　4.3　电风转筒 …………………………………………………… 72

　4.4　避雷针 ……………………………………………………… 73

　4.5　静电跳球 …………………………………………………… 74

　4.6　静电除尘 …………………………………………………… 75

　4.7　法拉第笼 …………………………………………………… 75

　4.8　静电植绒 …………………………………………………… 76

　4.9　维氏起电机 ………………………………………………… 77

　4.10　范氏起电机 ………………………………………………… 78

　4.11　怒发冲冠 …………………………………………………… 79

　4.12　雅格布天梯 ………………………………………………… 80

　4.13　辉光球和辉光盘 …………………………………………… 80

　4.14　高压带电操作 ……………………………………………… 81

　4.15　电介质极化 ………………………………………………… 82

　4.16　绝缘体变为导体 …………………………………………… 83

　4.17　电场描绘实验 ……………………………………………… 84

　4.18　手蓄电池 …………………………………………………… 85

　4.19　压电效应 …………………………………………………… 85

　4.20　基尔霍夫定律 ……………………………………………… 87

　4.21　半导体温差发电 …………………………………………… 88

二、磁场 …………………………………………………………………… 89

　4.22　司南 ………………………………………………………… 89

4.23　奥斯特实验 ·· 89

4.24　亥姆霍兹线圈 ·· 90

4.25　磁铁磁场线 ·· 91

4.26　电流磁感应线 ·· 92

4.27　三相旋转磁场 ·· 92

4.28　磁力仪 ·· 93

4.29　洛伦兹力 ·· 94

4.30　磁场对载流直导线的作用 ······························ 95

4.31　巴比轮 ·· 95

4.32　磁场对矩形载流线框的作用 ···························· 96

4.33　载流线圈与平行直导线 ································ 96

4.34　交直流两用电动机 ···································· 97

4.35　电磁炮 ·· 98

4.36　热磁轮 ··· 100

4.37　电磁加速器 ··· 101

4.38　帕尔贴效应 ··· 101

4.39　磁悬浮 ··· 102

4.40　超导磁悬浮小车 ····································· 102

4.41　地磁场测量 ··· 105

三、电磁感应及电磁波 ··· 106

4.42　电磁感应 ··· 106

4.43　楞次定律 ··· 107

4.44　楞次定律对比实验 ··································· 107

4.45　线圈在磁场中转动 ··································· 108

4.46　自感现象 ··· 109

4.47　互感现象 ··· 110

4.48　单相手摇发电机 ····································· 110

4.49　脚踏发电机 ··· 111

4.50　三相发电机 ··· 112

4.51　多种形式的能量转换 ································· 113

4.52　趋肤效应 ··· 114

4.53　感生电动势 ··· 115

4.54　阻尼摆 ··· 116

4.55　电磁波的发射接收 ··································· 116

第5章 光学 ··· 118

一、光的反射和折射 ·· 118

　5.1　光学分形 ··· 118

　5.2　普氏摆 ·· 119

　5.3　光瞳实验 ··· 120

　5.4　光学幻影 ··· 121

　5.5　海市蜃楼 ··· 122

　5.6　天文望远镜 ·· 124

　5.7　真实的镜子 ·· 126

　5.8　人造火焰 ··· 126

　5.9　窥视无穷 ··· 127

　5.10　分光计 ··· 128

　5.11　双曲面成像 ··· 129

　5.12　同自己握手 ··· 131

　5.13　光岛 ·· 131

二、光的干涉 ··· 132

　5.14　杨氏双缝干涉实验 ·· 132

　5.15　帘式皂膜 ·· 133

　5.16　台式皂膜 ·· 134

　5.17　劈尖干涉 ·· 135

　5.18　牛顿环 ··· 135

　5.19　散射光干涉 ··· 136

　5.20　360°白光全息图 ·· 137

　5.21　动感透射全息图 ··· 139

三、光的衍射 ··· 139

　5.22　单逢衍射 ·· 139

　5.23　圆孔衍射 ·· 140

　5.24　光学仪器分辨率 ··· 141

　5.25　旋转式小孔衍射仪 ·· 142

　5.26　光栅衍射 ·· 144

　5.27　光栅视镜系统 ·· 145

　5.28　激光彩虹 ·· 146

四、光的偏振及综合光学实验 ·· 147

　5.29　偏振片及其应用 ··· 147

　5.30　反射光的偏振 ·· 148

5.31　玻璃片堆的反射和折射 ·· 149

5.32　双折射引起的偏振 ··· 150

5.33　大气散射 ··· 151

5.34　旋光色散 ··· 152

5.35　偏振光与应力 ··· 154

5.36　激光显示李萨如图 ··· 155

5.37　看得见的激光 ··· 157

5.38　三基色 ·· 158

5.39　视觉暂留 ··· 159

5.40　梦幻点阵 ··· 160

5.41　视错觉 ·· 161

5.42　3D影像系统 ··· 163

5.43　激光琴 ·· 164

5.44　激光监听 ··· 165

5.45　激光测距 ··· 166

5.46　光纤视频传输 ··· 167

5.47　西汉透光镜 ·· 168

5.48　反射光栅立体画 ·· 169

5.49　透射光栅立体画 ·· 170

第6章　近代物理与综合实验 ·· 171

一、近代物理 ··· 171

6.1　热辐射 ··· 171

6.2　黑体辐射 ·· 172

6.3　光电效应 ·· 173

6.4　密立根油滴 ··· 175

6.5　卢瑟福散射实验 ··· 176

6.6　核磁共振实验 ·· 177

6.7　电子顺磁共振实验 ·· 179

6.8　二氧化碳激光 ·· 181

二、综合实验 ··· 183

6.9　大型混沌摆 ··· 183

6.10　洛伦茨吸引子和混沌同步控制实验 ·· 184

6.11　形状记忆合金 ··· 185

6.12　氢能实验 ··· 189

6.13　太阳能电池实验 ·· 190

    6.14　神舟飞船模型 ··· 192

    6.15　声光调制 ··· 193

    6.16　电光调制 ··· 194

    6.17　磁光调制 ··· 195

附录 A　十大物理实验 ····································· 197

    一、伽利略的自由落体实验 ······························· 197

    二、牛顿的棱镜分解太阳光 ······························· 198

    三、卡文迪什扭秤实验 ··································· 199

    四、托马斯·杨的光干涉实验 ····························· 200

    五、傅科钟摆实验 ······································· 202

    六、迈克耳孙-莫雷实验 ································· 203

    七、密立根的油滴实验 ··································· 205

    八、卢瑟福 α 粒子散射实验 ····························· 206

    九、电子束衍射实验 ····································· 208

    十、弱相互作用下宇称不守恒实验 ························· 209

附录 B　十大实验型物理学家 ····························· 211

    一、布拉格父子 ··· 211

    二、威尔逊 ··· 212

    三、汤姆孙 ··· 213

    四、伦琴 ··· 215

    五、塞曼 ··· 216

    六、冯·劳厄 ··· 217

    七、费米 ··· 219

    八、法拉第 ··· 220

    九、赫兹 ··· 221

    十、安培 ··· 223

附录 C　巨人的聚会 ····································· 225

参考文献 ··· 227

第1章

力 学

一、质点力学

1.1 百发百中

【实验内容】运动叠加原理的验证.

【实验原理】运动叠加原理亦称运动的独立性原理,是物理学普遍原理之一.如果一个物体同时参与几个运动,则各分运动都可看作是独立进行的,物体的合运动是由物体同时参与的几个互相独立的分运动的叠加.原理如图1.1.1所示,圆筒中的钢球B在射出后作平抛运动,参与水平方向的匀速直线运动和竖直方向的自由落体运动,而在电磁铁下方的钢球A在离开磁铁后作自由落体运动.只要圆筒和磁铁下的钢球位于同一高度和A、B同时出发,不论A的初速多大,两球总能碰在一起.说明在竖起方向两球运动相同,水平方向的运动并不影响竖直方向的运动.

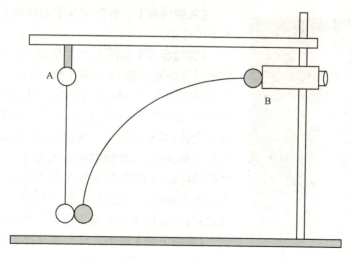

图1.1.1 百发百中原理

【实验方法】实验装置如图 1.1.2 所示,A、B 为两个相同的钢球.首先将直流电源接入图中接线柱,合上开关,将 A 球吸于电磁铁正下方,B 球置于枪筒口处.一只手压住演示器底座,另一只手将拉杆往外拉,然后松手.B 球水平飞出枪口,同时撞开前方的弹片,使电路断开,A 球立即自由落下,可以看到,在空中两球相碰.

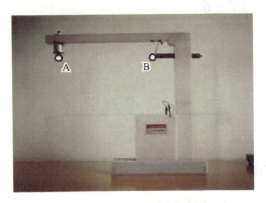

图 1.1.2　百发百中装置

【注意事项】仪器长期不用,要取下干电池.
【探索思考】
　1. 两球一定会在空中相碰吗?为什么?
　2. 军事上多用射弹仪的原理与此相同吗?

1.2　小桶传球

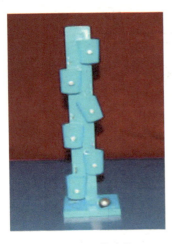

图 1.2.1　传球筒

【实验内容】了解物体在重力作用下的运动及力矩的作用.

【实验原理】如图 1.2.1 所示,直立木板上挂有 6 只可绕水平轴转动的小桶.当有一小铁球落入小桶的左边,小桶的重心偏左,因而小桶和铁球受的重力产生一个关于旋转轴的力矩使小桶沿逆时针旋转,当旋转到某一角度时,小铁球抛出并落入左边的桶中时,小桶的重心由偏左变为偏右,同样顺时针旋转并将小球抛入右边的小桶中,最后由左边的桶将小球抛入下面的桶中,整个过程均自动进行,最后小球从最下面的小桶中抛出.

【实验方法】将小铁球放入顶部小桶中令其自动下落,观察小球的下落规律.

【注意事项】

1. 仪器易损,请轻拿轻放.

2. 注意不要让铁球跌落到地板上.

【探索思考】在日常生活中哪些方面应用到力矩这个物理量?

 1.3　向心力实验

【实验内容】掌握物体作圆周运动时所需要的向心力与质量、轨道半径、转速之间的关系.

【实验原理】一质量为 m 的质点,以角速度 ω 作半径为 r 的圆周运动时,物体所需要的向心力

$$F = m\frac{v^2}{r} = mr\omega^2$$

可见,物体作圆周运动时,向心力的大小与质量、半径及角速度平方均成正比.

【实验方法】实验装置如图 1.3.1 所示.

图 1.3.1　向心力实验仪

1. 向心力与质量的关系.

将质量分别为 m_1、m_2 的小球分别放在长、短旋臂上,两球到轴的距离相等;将橡皮带套在两个大小相同的变速轮上,使两个小球转动的角速度 $\omega_1 : \omega_2 = 1 : 1$,摇动摇柄,可以看到:若 $m_1 = m_2$,则两示力标尺上的读数相同,说明两球所需的向心力相同;若 $m_1 \neq m_2$,则两示力标尺上的读数不同,质量越大,其读数越大,说明所需向心力越大.

2. 向心力与轨道半径的关系.

接上实验,将质量相等的两钢球分别放在离轴距离不等的长短旋臂上;摇动摇柄,可以看到两示力标尺上示数不同,离轴越远,即半径 r 越大,所需向心力越大.

3. 向心力与转速 ω 的关系.

将质量相等的两钢球分别放在长短旋臂上,两球到轴的距离相等;将橡皮带套在半径不同的转轮上,使它们的转速不等 $\omega_1 \neq \omega_2$,摇动摇柄,可以看到 ω 大的,示力标尺读数亦越大,说明所需向心力亦越大.

【注意事项】摇动摇柄时,不能用力过大,克服惯性加力要缓慢,以免损坏仪器.

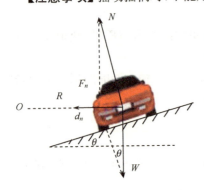

图 1.3.2   汽车转弯时受力示意

【应用拓展】如图 1.3.2 所示,汽车拐弯时,必须有一个力为其提供向心力才不至于使汽车甩出去,如果空气阻力不计,与汽车接触的只有路面,而汽车行使是靠摩擦力的.当直线行驶时,车前轮与地面接触点相对于地面有向后运动的趋势,地面则给予前轮向前的摩擦力,该摩擦力就是汽车向前运动的动力.拐弯时,摩擦力可分解为两个分力:一个分力提供向前的动力,另一个分力提供向心力(方向指向拐弯弧线的圆心).

汽车车速越快,摩擦力越小,这个道理可以用汽车功率 $P=Fv$ 来解释,这里的 F 是汽车的牵引力.汽车的牵引力是怎样转化为汽车的动力呢? 就是靠轮胎与路面的摩擦力,汽车发动机的牵引力作用到轮胎上,轮胎给路面一个向后的推力,根据作用力与反作用力,路面就会给轮胎一个向前的推力,于是汽车就会前进.

为什么拐弯时必须减速? 因为减速后,摩擦力增大,它的分力可以提供足够的向心力,如果不减速,摩擦力比较小,它的分力不足以提供足够的向心力去完成拐弯时的圆周运动,汽车会被甩出,发生危险.

【探索思考】试分析物体作一般曲线运动所受到的向心力.

1.4   离心轨道

【实验内容】了解物体圆周运动的向心力及能量守恒等.

【实验原理】如图 1.4.1 所示.在不考虑轨道摩擦阻力的情况下,物体在任何状态的机械能(动能与势能之和)不变,即机械能守恒,小球只要由距底部高度为 $\frac{5}{2}R$ 的位置静止释放,小球就能到达圆形轨道的最高点.但在本实验中,轨道和小钢球不可能没有摩擦,一定有能量损耗,所以初状态的高度要比理论上大.

【实验方法】如图 1.4.2 所示.让小钢球从 $h \geqslant \frac{5}{2}R$ 高处 A 滚下,则小球可沿环形轨道运动一周后到达 B 处,而不跌落离开轨道.小球从 $h < \frac{5}{2}R$ 高处滚下,则小球离开环形轨道跌落下来.

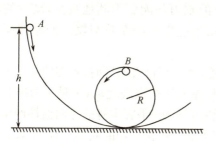

图 1.4.1 原理示意图

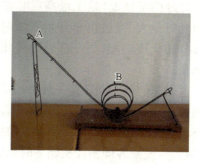

图 1.4.2 离心轨道

【趣味拓展】过山车游戏

过山车是一项富有刺激性的娱乐项目,如图1.4.3所示.那种风驰电掣、有惊无险的快感令人着迷.如果你对物理学感兴趣的话,那么在乘坐过山车的过程中不仅能够体验到冒险的快感,还有助于理解力学规律.实际上,过山车的运动包含了许多物理学原理,人们在设计过山车时巧妙地运用了这些原理.

图 1.4.3 过山车

在开始时,过山车的小列车是依靠一个机械装置的推力推上最高点的,但在第一次下行后,就再也没有任何装置为它提供动力了,带动它沿轨道行驶的唯一"发动机"是重力势能,即由重力势能转化为动能、又由动能转化为重力势能这样一种不断转化的过程来完成的.

对过山车来说,处于最高点时它的重力势能最大,也就是当它爬升到"山丘"的顶峰时最大.当过山车开始下降时,它的重力势能就不断地减少,减少的势能一部分转化成动能,另一部分则转化为由于过山车的车轮与轨道的摩擦而产生的热量.

过山车的竖直立环是一种离心机装置,当列车接近回环时,乘客的速度笔直地指向前方.但车厢沿轨道行进,使乘客的身体无法按直线运动,于是重力推着乘客离开车厢的地板,而惯性则将乘客向地板方向挤压,乘客本身的外向惯性产生某种"伪重力",使乘客即使在头朝下时也能牢牢地停留在车厢的底部.当然乘客需要某种安全护具来保证自己的安全,但在大多数大回环中,无论有没有护具,乘客都会停留在车厢中.

【探索思考】

1. 为什么只有当 $h \geqslant \dfrac{5}{2}R$ 时,小球方可沿球形轨道运动到达 B 而不跌落?

2. 若 A、B 两点一样高,小球能到达 B 点吗?

1.5　离心力演示仪

【实验内容】了解物体转动时的惯性离心力.

【实验原理】设一长度为 r 的细绳,一端系一质量为 m 的物体,另一端固定,让其在光滑水平面上绕固定点作圆周运动,随它一起转动的参考系中,会发现物体受到一个远离中心的"惯性力"称为离心力的作用.这个离心力的大小为

$$F = \frac{mv^2}{r} = mr\omega^2$$

方向沿半径向外,式中 v 为物体运动的线速度,ω 为角速度.

【实验方法】实验装置如图 1.5.1 所示,竖直轴上一根弹簧与两个正交放置的弹性钢片相连.接通电源,启动电机,带动圆环转动,注意观察圆环形状.随着转速的加快,作用于圆环上的各处惯性离心力的合力迫使圆环壁向外拉,圆环克服轴上弹簧的弹性力逐渐变扁.断开电源,圆环将恢复原状.

【注意事项】通电时间不要太长,看到圆环形变现象即可,否则影响仪器的使用寿命.

【趣味拓展】旋转飞椅

旋转飞椅是一种飞行塔类游乐设备,如图 1.5.2 所示.在回转支承作用下自转运动,使得环链悬挂的乘客,在离心力的作用下起伏飞旋.旋转部分采用电机驱动蜗轮蜗杆减速器形式,转速约为 7 转/分钟.升降部分采用油缸垂直升降,便于控制,运行平稳.

【探索思考】如果将转动的弹性钢片改成软绳将是不是同样的现象?

图 1.5.1 离心力实验仪

图 1.5.2 旋转飞椅

1.6 弹性碰撞实验

【实验内容】观察弹性碰撞的特征.

【实验原理】在理想情况下,完全弹性碰撞满足动量守恒和机械能守恒定律.如果两个相互碰撞的小球质量相等,两个小球对心碰撞后交换速度.如果被碰撞的小球原来静止,则碰撞后该小球具有了与碰撞小球同样大小的速度,而碰撞小球则静止.多个小球碰撞时可以进行类似的分析.事实上,由于小球间的碰撞并非理想的弹性碰撞,有些能量损失,所以最后小球还是要停下来.

【实验方法】如图 1.6.1 所示,调整悬线长度,使各球球心处在同一水平线上,并使各球彼此紧贴.首先将③④⑤各球搁至横梁上,令②球静止,将①球向左侧拉开一小偏角后自由释放,①②球碰后①球静止,②球向右运动,且摆角与①球向左拉开的偏角相等.即①球把全部动量传给了②球,如此则②球与①球相碰,碰后②球静止,①球运动.将①球与静止的②③④⑤球相碰,可以看到,碰后①球静止,只有⑤球运动,且

图 1.6.1 弹性碰撞

与①球偏向大致相同,可见,①球的动量通过②③④球传给了⑤球.

【注意事项】

1.随时注意保持 5 个摆球的球心处于同一直线上.

2.球的摆幅不要大,否则效果反而不好.

3.不要用力拉球,以免悬线断开.

【趣味拓展】桌球打法

桌球是大家喜爱的一种体育项目,主要运用质量相等的两球的正碰和斜碰.主球的运动特征取决于主球的击球点.当球杆撞击主球的中上点、正中点和中下点时,主球运动方向都是与球杆中轴线一致的直线向前运动,但主球的运动特征略有差别.正是这些特征的差别,才使球手随心所欲地运用主球进行走位控制.当球杆沿水平方向撞击主球正中点两侧的击球点时,主球运动方向是与球杆中轴线平行的方向运动,其运动特征表现为一种既自转又向前运动的混合形式.

高杆:击打主球中上部,使主球向前滚动,碰撞后,主球和目标球向同一方向滚动前进,如图 1.6.2(a)所示.

中杆:碰撞后,主球静止,目标球向前滚动,如图 1.6.2(b)所示.实际应用中,只有当主球的速度恰到好处才能使主球静止.多数情况下,主球会在小范围运动一段距离,由于杆法的细微差别,运动可能向前也可能向后.

低杆:碰撞后,目标球往前滚动,主球向反方向滚动,如图 1.6.2(c)所示.

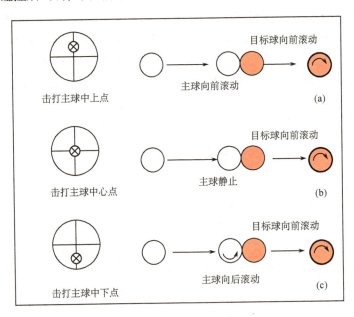

图 1.6.2　桌球打法示意图

【探索思考】

1.试用动量守恒和能量守恒定律,分析用质量不等刚性小球弹性正碰,将会出现什么现象.

2.两个弹性球的任意碰撞如何求解?

1.7　逆水行舟

【实验内容】考察动量定理及其应用.

【实验原理】船可以逆风而行是因为风对船帆有作用力,且因帆的方位不同作用力方向也不同,调整好帆的方位,船可以逆风前进了.船底设有龙骨,其作用是使其侧阻力很大,即使有力从侧面作用于船,水的阻力总可与之相抵消,船不会因此向侧面运动.风吹到斜帆上,侧帆给它以冲量使它具有沿直帆向船后的动量.风对斜帆的冲量分解为两个分量,其一被龙骨阻力抵消,船在另一分量作用下逆风行进.

【实验方法】如图 1.7.1 所示.打开电风扇,调整帆的方向,观察帆船的运动.

图 1.7.1　逆水行舟

【注意事项】帆板易损需轻拿轻放.

【趣味拓展】**小鸟撞飞机**

按生活常理,体型小、重量轻的鸟类,与钢筋铁骨的飞机相撞应该是以卵击石.为什么小鸟却能把飞机撞坏呢? 这是因为破坏主要来自飞行器的速度而非鸟类本身的质量.根据动量定理,一只 0.45 千克的鸟与时速 800 千米的飞机相撞,会产生 153 千克的冲击力;一只 7 千克的大鸟撞在时速 960 千米的飞机上,冲击力将达到 144 吨.高速运动使得鸟击的破坏力达到惊人的程度,一只麻雀就足以撞毁降落时飞机的发动机.因为发动机的叶片很薄,而且是在高速旋转,很容易被打碎.

【探索思考】

1. 体操运动员腾空后落地必须屈膝、跳高运动员落地时常用海绵作缓冲等方式与动量定理有关吗?

2. 冲击钻、水力挖泥和定向爆破等生产应用与动量定理有关吗?

 1.8　角速度矢量合成

【实验内容】观察球体参与两个不同方向的转动,了解矢量合成的平行四边形法则.

【实验原理】若球体参与两个不同方向的转动,一个方向转动的角速度矢量是 ω_1,另一个方向转动的角速度矢量是 ω_2,则刚体的合成转动的角速度矢量 ω 等于两个角速度矢量 ω_1 和 ω_2 矢量和,它遵守平行四边形法则.

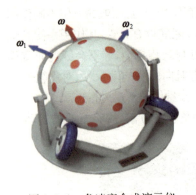

图 1.8.1　角速度合成演示仪

【实验方法】

1. 如图 1.8.1 所示,逆时针转动左手轮,使球体沿一确定的转轴匀速转动,球上红点描绘出一簇圆弧线,这些圆弧线转动方向按右手法则旋进的方向就是分角速度矢量 ω_1 的方向.转动半圆弧标尺并沿弧移动箭头,使其箭头指示 ω_1 的方向.

2. 按 1 中所述的操作步骤,顺时针摇动右手轮,移动箭头示出角速度矢量 ω_2 的方向.

3. 用左右手分别同时转动两个手轮,使球体同时参与两个确定的转动方向转动,使分角速度矢量沿 ω_1 和 ω_2 两个方向.当摇动两个手轮转速相同时,即二分角速度矢量的大小相等,则圆点所描绘出的一簇圆弧线位于与两箭头所指方向的角平分线方向相垂直的平面上.且此圆点转动方向按右手法则旋进的方向(角平分线的方向)就是合角速度矢量 ω 的方向,它们满足平行四边形运算法则 $\omega = \omega_1 + \omega_2$.

【注意事项】

1. 转动球应充足气,否则手轮带动球体转动需用较大的力,容易损坏仪器.

2. 因为半圆弧标尺的箭头指向的限定,左右手动轮的旋转方向应满足一个是逆时针旋转,另一个则需顺时针旋转.

【探索思考】同时转动左右两个手轮,改变两个手动转轮转动的角速度,观察合矢量的大小和方向.

1.9　动量守恒小车

【实验内容】理解动量守恒.

【实验原理】如果一个系统不受外力或所受外力的矢量和为零,那么这个系统的总动量保持不变,这个结论称为动量守恒定律.动量守恒定律是自然界中最重要最普遍的守恒定律之一,它既适用于宏观物体,也适用于微观粒子;既适用于低速运动物体,也适用于高速运动物体.

【实验方法】如图 1.9.1 所示,将单摆及门形架如图安装好.一手按住小车,另一手将单摆拉开一个角度.当两手都放开后,观察到单摆向右摆动时,小车向左运动,单摆向左摆动时,小车向右运动,但系统的质心位置不动.由于空气阻力和摩擦,最终单摆停止摆动时,小车亦处于静止状态.

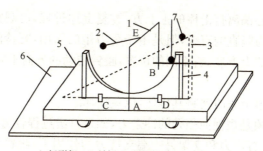

1. 门形架；2. 单摆；3. 斜面轨道；
4. 半圆弧轨道；5. 小车；6. 玻璃板；7. 小球

图 1.9.1 动量守恒小车

把半圆弧轨道如图安装好. 当把小球从轨道右上端释放沿轨道向左下滑到轨道最低点的过程中,小车向右加速运动,当小球由最低点向左上滑至轨道左上端时,小车向右减速至速度为零;当小球由左上端向右下滑至轨道最低点的过程中,小车向左加速运动,当小车由最低点向右上滑至右上端时,小车向左减速至速度为零. 此时小车又回到初始位置.

【注意事项】不要随意将单摆置于过高位置.

【探索思考】

1. 如果把半圆形轨道换成斜面轨道,结果如何?

2. 一般的爆炸过程是否适合用动量守恒定律解释?

1.10 质心运动

【实验内容】了解刚体质心运动与外力的关系.

【实验原理】一个质点系或刚体的运动,其上各点的运动可能各不相同,但有一点特殊,这就是质心. 质心的运动犹如一个质点的运动,该质点的质量等于质点系或刚体的质量并集中于质心处,所受外力是质点系或刚体所有外力的合力. 当外力给定后,质心运动规律服从牛顿第二定律,因而质心的运动轨迹就确定,与力的作用点无关. 但是,力的作用点将影响质点系或刚体的力矩,因此质点系或刚体绕质心的转动与外力的作用点有关.

【演示方法】如图 1.10.1 所示,将打击棒压下,用卡扣扣住. 把哑铃放在支架上,并使哑铃的质心恰好处在打击棒的正上方. 松开卡扣,可看到棒打击哑铃使其竖直地飞起来,质心的运动轨迹为竖直的直线,运动形式为竖直上抛运动.

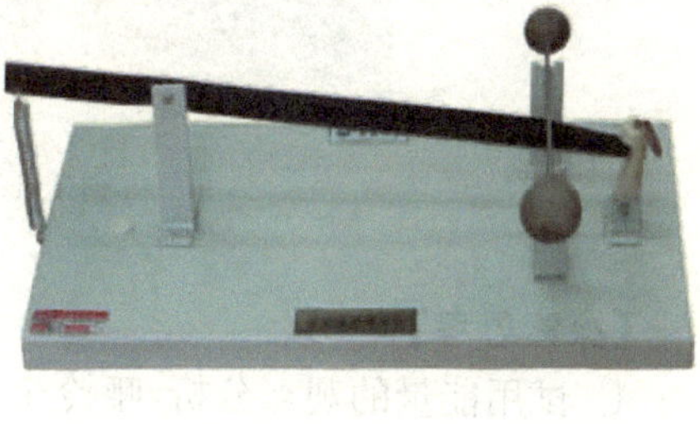

图 1.10.1 质心运动演示仪

使哑铃的质心偏离打击棒的正上方,重复上述过程,可观察到哑铃飞起后,质心的运动轨迹仍为竖直的直线,但是由于受力矩的作用,哑铃同时还绕质心转动.质心位于打击棒的上方左、右不同的位置,哑铃转动的方向不同.

【注意事项】

1.看到哑铃落下来时要将其接住,以免损坏.

2.打击力必须是短促而强劲的冲击力,如果打击过程较为缓慢,结果是哑铃的一端先被抬起,在打击力和支架另一端支持力的作用下,哑铃将抛向一侧,而质心不是竖直向上运动.

3.打击位置不能偏离质心过大,否则也会出现上述现象.

【应用拓展】导弹弹道

如图 1.10.2 所示,火箭发射导弹时,导弹质心运动的轨迹称为导弹弹道.根据导弹弹道形成的特点,一般可以把弹道分为三类:第一类是自主弹道.这类弹道在导弹发射前是预先规定的,适用于攻击固定目标,导弹发射后一般不能随意改变,只能沿预定曲线飞向目标.第二类是有翼导弹弹道,亦称导引弹道.这类弹道是一种随机弹道,在导弹发射前没有预先规定,需视目标的活动情况而定,一般适用于攻击活动目标.大部分有翼导弹(如地空导弹、空空导弹等)的弹道属于这一类.第三类是巡航导弹弹道,亦称复合弹道.这类弹道一般可分为两部分,一部分是按预先规定的程序飞行,另一部分需根据目标特性实时确定.这类弹道既适用于攻击固定目标,又适用于攻击活动目标,陆基、舰载、机载巡航导弹属于这一类.

图 1.10.2　导弹发射

【探索思考】

1.试用能量的观点分析,哑铃在不同情况的打击下,质心到达的高度.

2.如果打击点偏离质心较远,两边支撑点对刚体的运动有无影响?

3. 如果将哑铃放在光滑的水平面上,用大小和方向不变的力迅速地敲击哑铃的不同位置,试分析哑铃的运动情况.

1.11 科里奥利力实验

【实验内容】验证科里奥利力的存在.

【实验原理】当小球在一转动着的圆盘上运动时,以盘为参照系,会受到惯性力. 其中一部分是与小球的相对速度有关的横向惯性力称为科里奥利力,其表达式为

$$\boldsymbol{F} = 2m\boldsymbol{v} \times \boldsymbol{\omega}$$

式中 m 为小球的质量, $\boldsymbol{v}$ 为小球相对于转动系的速度, $\boldsymbol{\omega}$ 为转盘旋转的角速度.

【实验方法】如图 1.11.1 所示.

1. 当转盘不转动,从轨道顶端静止释放小球,此时小球沿圆盘的半径方向下滑,不发生任何的偏离.

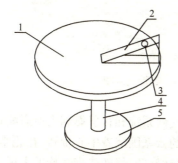

1. 转盘 (圆盘); 2. 导轨; 3. 小球;
4. 转盘支承轴; 5. 演示仪支座

图 1.11.1 科里奥利力转盘

2. 转盘以角速度 ω 转动,同时释放小球,沿轨道滚动,当小球落到圆盘时,由于受科里奥利力作用,小球将偏离直径方向运动.

3. 如果从上向下看圆盘逆时针方向旋转,即 ω 方向向上,当小球向下滚动到圆盘时,小球将偏离原来直径的方向,且向前进方向的右侧偏离,如图 1.11.2 所示. 如果圆盘转动方向相反,从上向下看,圆盘顺时针方向旋转,即 ω 方向向下,当小球向下滚动到圆盘时,小球向前进方向的左侧偏离,如图 1.11.3 所示.

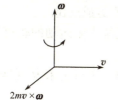

图 1.11.2 右偏离

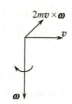

图 1.11.3 左偏离

【注意事项】转动圆盘时不能用力过猛,要轻轻转动,否则,小球将直接飞出台面.

【趣味拓展】热带气旋

热带气旋是发生在热带亚热带地区海面上的气旋性环流,由水蒸气冷却凝固时放出潜热发展而形成的暖心结构,如图1.11.4所示.所以当热带气旋登陆后,或当热带气旋移到温度较低的洋面上,便会因为失去温暖而减弱消散,或失去热带气旋的特性而转化为温带气旋.

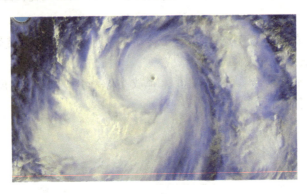

图 1.11.4　热带气旋图

热带气旋的移动主要受到大尺度气候系统和科里奥利力所影响;此外,科里奥利力与角动量守恒定律也使热带气旋的云系围绕着中心旋转.在北半球,热带气旋沿逆时针方向旋转,在南半球则以顺时针旋转.伴随热带气旋的大风、大雨、风暴潮等可以造成严重的财产损失或人命伤亡.不过热带气旋亦是大气循环中一个组成部分,能够将热能由赤道地区带往较高纬度地区.

【探索思考】日常生活中有哪些方面存在科里奥利力的例子?

1.12　万有引力模拟

【实验内容】模拟万有引力并理解开普勒三定律.

【实验原理】

1. 万有引力定律:自然界中任何两个物体都是相互吸引的,引力的大小与两物体的质量的乘积成正比,与两物体间距离的平方成反比.

2. 开普勒第一定律(轨道定律):所有行星绕太阳运动的轨道都是椭圆,太阳处在椭圆的一个焦点上.

3. 开普勒第二定律(面积定律):对于任何一个行星来说,它与太阳的连线在相等的时间扫过相等的面积.

4. 开普勒第三定律(周期定律):所有的行星的轨道半长轴的三次方与公转周

期的二次方的比值都相等.

【实验方法】如图 1.12.1 所示,将三个小球每隔几秒钟分别放入斜球道,让小球沿球道滚入圆盘,以圆盘切线方向进入曲线盘,钢球之所以在漏斗形曲面上作椭圆轨迹运动,是因为漏斗形圆盘已经按照万有引力定律公式推出的引力势能曲线回转而得到的曲面来设计的,通过观察钢球在曲面盘上运行状况,帮助理解开普勒建立的行星运动三定律.

图 1.12.1 万有引力模拟装置

【注意事项】三个小球要间隔放入斜道,并且不要用力往里面扔,保证三个小球以切线方向进入.

【探索思考】太空中各大行星在各自的轨道上正常运行时为什么不会发生相撞?

1.13 三球仪

【实验内容】了解太阳、地球和月球三者之间的运动规律及一些天文现象.

图 1.13.1 三球仪

【实验原理】为了模仿自然界的真实情况,中间的太阳一般采用发光的灯泡,以照亮地球和月球,实验装置如图 1.13.1 所示.地球倾斜地在轨道上绕日旋转,月球绕地球的轨道和地球绕太阳的轨道相交成一个角度.这样就可以演示日食和月食、月球的盈亏、地球的自转和公转、昼夜和四季的交替等现象.

【实验方法】开启电源让太阳亮起来,按下旋转开头,由地球和月亮组成的系统装置围绕太阳运转,并打开录音讲解功能,观察日食、月食、盈亏等现象.

【注意事项】录音讲解要按顺序播放,避免讲解内容发生混乱;做完实验及时关闭大灯.

【趣味拓展】中国天文学历史成就

相传在夏朝已有历法,所以今天还把农历称为"夏历".战国时期的甘德、石中撰写了世界上最早的天文学著作,后人将他们的著作合在一起称为《甘石星经》.随着天文观测的进步,人们创造了二十四节气,使天文学更好地服务于农业生产.

秦汉时期,天文学有了长足进展.全国制定统一的历法.西汉武帝时,司马迁参与改定的《太初历》具有节气、闰法、朔晦、交食周期等内容,显示了很高的水平,如图 1.13.2 所示.这一时期还制作了浑仪、浑象等重要的观测仪器,对后世有深远影响.

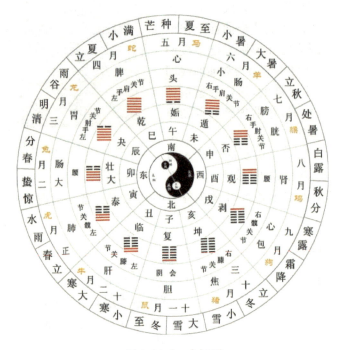

图 1.13.2　太初历

三国两晋南北朝时期,天文学仍有所发展.祖冲之在大明六年(公元 462 年)完成了《大明历》,这是一部精确度很高的历法,例如,它计算的每个交点月(月球在天球上连续两次向北通过黄道所需时间)日数为 27.21 223 日,同现代观测的 27.21222 日只差十万分之一日.

隋唐时期,又重新编定历法,并对恒星位置进行重新测定.一行、南宫说等人进行了世界上最早对子午线长度的实测.在敦煌就曾发现唐中宗李显时期(705~710 年)绘的星图,共绘有 1350 多颗星,这反映了中国在星象观测上的高超水平.欧洲直到 1609 年望远镜发明以前,始终没有超过 1022 颗星的星图.

宋元时期,制造、改进了许多天文仪器.北宋苏颂等人的《水运仪象台》,如图 1.13.3 所示,以水为动力,带动一套精密的机械,既可观测天体,又可演示天象,还能自动报时,成为世界上著名的天文钟.元代郭守敬制的简仪等在同类型天文仪器中居于世界领先地位.他还创造了中国古代最精密的历法——《授时历》,定一年为 365.2425 天,这和现行公历——格里高利历是一样的,但比格里高利历早了 300 多年.

图 1.13.3　宋代水运仪象台

明朝中期,欧洲传教士带来欧洲天文学知识,促进了中国天文学进一步发展.徐光启等人翻译了一批欧洲的天文学著作,并制作了一些天文仪器,安装在北京天文台.清朝建立后,在中国的传教士又督造了六件铜制大型仪器,这些仪器保存至今.

【探索思考】将中国古代的天文学成就与现代天文学发现进行科学成就上的比较.

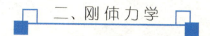

二、刚体力学

1.14　滚摆

【实验内容】观察刚体的动能与势能的转换.

【实验原理】重力作用下滚摆的运动是质心的平动与绕质心的转动的叠加.如果以地球和滚摆为系统,由于绳子对滚摆的张力不做功,所以系统的机械能守恒.在下落过程中,重力势能转变为质心的平动动能与绕质心的转动动能,总机械能守恒.在上滚过程中,质心的平动动能和绕质心的转动动能转变为重力势能.

【实验方法】如图 1.14.1 所示.调节摆线,使两根摆线平行且使摆轴水平,转动摆轴,将摆线绕在摆轴上,滚摆升高,当滚摆升高到适当高度释放,可以看到滚摆将不断下落,当滚摆下落至最低处时,滚摆将再次上升,然后下落,重复进行.

图 1.14.1　滚摆

【注意事项】在操作过程中,注意保持两端水平.

【探索思考】

1. 分析滚摆下落速度(平动)与位置高度的关系;

2. 分析滚摆上下运动的周期与轴径、滚摆质量、滚摆转动惯量的关系.

1.15 转动定律实验

【实验内容】了解刚体转动的角加速度与力矩和转动惯量的关系.

【实验原理】转动定理:刚体绕定轴转动的角加速度大小 β 与外力矩大小 M 成正比,与其转动惯量 J 成反比,即

$$M = J\beta$$

【实验方法】如图 1.15.1 所示,用两个结构完全相同的装置作对比实验.

图 1.15.1   转动定律演示仪

1. 外力矩相同,转动惯量相同,观察两装置的转动情况:将二套装置上的重物固定在与轴距离相同的位置上,在两套装置的大线轮上绕等长的细绳,细绳上挂质量相同的砝码.将两个砝码都绕到最高位置,同时释放两个转动系统,它们在细绳张力的力矩下开始转动,可见两转动系统的转速变化一样.说明两装置的转动惯量和所受的外力矩相同时,角加速度相同.

2. 外力矩相同,转动惯量不同,观察两装置的转动情况:将一套装置上的重物固定在距轴最远处,而将另一套装置上的重物固定在距轴最近处,将两个砝码都绕到最高位置后同时释放,它们在细绳张力的力矩下开始转动.可以看到重物靠近转轴的系统旋转得较快,说明当力矩相同时,转动惯量越小,角加速度越大.

3. 外力矩不相同,转动惯量相同,观察两装置的转动情况:将二套装置上的重

物固定在距轴都相同的位置上,其中一套装置上增加一个砝码,将砝码绕到最高位置,同时释放两个转动系统使之转动.增加砝码的装置转得快,说明当转动惯量相同时,力矩越大,角加速度越大.

【注意事项】砝码绕线应绕在转轴上的绕线轮槽内,且砝码位置不能高于底板.

【探索思考】

1. 力矩如何计算?

2. 连续运动时,机械能是否守恒?

 1.16　角动量守恒(一)

【实验目的】了解角动量守恒定律.

【实验原理】系统绕固定轴转动的角动量等于其转动惯量 J 与角速度 ω 的乘积,而系统所受的合外力矩为零时,系统的角动量守恒,即

$$J\omega = 常量$$

当 J 不变时,ω 不变;若 J 发生变化,则 ω 随之改变.J 增加,ω 减少;J 减少,ω 增加.

【实验方法】如图 1.16.1 所示,左手握住仪器立柱,右手用一个适当力矩转动其中的一个转动臂实现其转动.在转动过程中,不断改变立柱中螺栓的上下位置,从而调节两个转动臂与竖直方向间的夹角,夹角越大,转动惯量越大,转动速度越小;夹角越小,转动惯量越小,转动速度越大.

【注意事项】在用力转动时,不要用力过大,以防螺丝脱落及立柱摇摆.

【趣味拓展】芭蕾舞表演

如图 1.16.2,芭蕾舞演员在做旋转之前,两手水平伸直,踮起脚尖,用力旋转,

图 1.16.1　角动量守恒

图 1.16.2　芭蕾舞旋转

另一条腿同时做收腿动作,两手再向胸前靠拢,在人体重量不变的条件下,转动惯量快速减小,角速度相应变大,演员就轻松自若地做出眼花缭乱的甩鞭转动作,如果再把双手张开,则演员的转动速度明显减慢.

【探索思考】日常生活中还有哪些与角动量守恒定律相关的现象?

1.17   角动量守恒(二)

【实验内容】了解角动量守恒定律的应用.

【实验原理】对机身、螺旋桨和尾桨构成的转动系统来说,直升飞机系统对竖直转轴的合外力矩为零,系统的角动量守恒.当通电使机身螺旋浆旋转时,螺旋桨对竖直轴便有了一个角动量,机身则会向反方向转动,使其对竖直轴的角动量与螺旋浆产生的角动量等值反向,以保持系统的总角动量不变.开动尾翼时,尾翼推动大气产生补偿力矩,由角动量原理,该力矩能够克服机身的反转,使机身保持不动.

【实验方法】如图 1.17.1 所示.

图 1.17.1   直升机模型

1. 打开位于电源箱后方的电源开关,将机身螺旋浆和尾翼螺旋桨控制方向的开关方向拨到一致位置.

2. 按下机身螺旋桨的控制按钮,观察到机身和螺旋桨沿着相反的方向旋转起来,加大(或减小)螺旋桨转速,机身的转速也将随之加大(或减小).

3. 再按下尾翼螺旋桨控制按钮,尾翼螺旋桨旋转,机身转速变慢;调整尾翼螺旋桨转速,直至机身不再旋转.

4. 松开机身螺旋桨和尾翼螺旋桨的控制按钮,同时改变机身螺旋桨和尾翼螺旋桨控制方向的开关.

5. 按下机身螺旋桨控制按钮使其反转,机身旋转的方向也随之反向.

6. 再次按下尾翼螺旋桨控制按钮,调整尾翼螺旋桨转速,直至机身不再旋转.

7. 松开机身螺旋桨和尾翼螺旋桨的控制按钮,将它们的转速控制电压降到最低,关闭仪器电源.

【注意事项】

1. 两个控制开关的方向一定要一致(两个换向开关同时向上,或同时向下),否则不但不能使机身平衡,反而会使机身越转越快.

2. 直升飞机转动中,切勿触碰飞机模型,以免损坏.

3. 螺旋桨的速度不要过大,否则尾翼的力矩将不能平衡机身的转动.

4. 螺旋桨转动换向前,一定要将转速电压调到最小或螺旋桨停止转动后再换向.

【探索思考】

1. 观察现代直升飞机的构造和飞行情况.试分析直升飞机能正常飞行时,螺旋桨的转速和尾桨转速之比.

2. 除了加尾翼螺旋桨的方法,还有什么可以保持直升机机身平衡不发生旋转的方法?

3. 通过天文观测,宇宙中的量子一般都是扁平的,你能用角动量守恒去解释吗?

1.18 茹可夫斯基椅

【实验内容】 观察合外力矩为零的条件下系统的角动量守恒.

【实验原理】 物体系绕定轴转动时,若其所受到的合外力矩为零,则物体系的角动量守恒,$L=J\omega=$恒量.因为内力矩不会影响物体系的角动量,若物体系在内力的作用下,质量分布发生变化,从而使绕定轴转动的转动惯量改变,则它的角速度将发生相应的改变以保持总角动量守恒.本实验的对象是手持哑铃坐在转椅上的操作者,若哑铃位置改变,则操作者及转椅系统的转动惯量改变,从而系统角速度随之改变.

【实验方法】 如图1.18.1所示.操作者坐在可绕竖直轴自由旋转的茹可夫斯基椅上,手握哑铃,两臂平伸.其他人推动转椅使转椅转动起来,然后操作者收缩双臂,可看到操作者和椅的转速显著加大.两臂再度平伸,转速复又减小.可多次重复,直至停止.

【注意事项】 在转动的时候,注意转动速度不要太快,防止摔倒.

【趣味拓展】 跳水运动中的早旋与晚旋

如图1.18.2所示,跳水运动员腾空前通过脚与地面的相互作用能产生旋转力矩,由此带来身体在空中的旋转称为"早旋"."升空"后才通过手臂动作引起的身体纵向旋转称为"晚旋".其中的全部奥妙在于,随着运动员在空中将一条手臂突然"抛掷"过头,另一条手臂迅速挥摆到髋部,身体形态和质量分布的骤然变化和不对称带来旋转轴的倾斜.为了满足角动量守恒,身体必须将总角动量中多出的一部分转化为纵轴旋转.所以,跳水中"晚旋"的角动量是从离开跳板时身体绕横轴的角动量中"挪用"过来的,此时身体绕两个轴旋转的角动量之和等于初始的总角动量.

图 1.18.1　茹可夫斯基椅

图 1.18.2　单人跳水

【探索思考】

1. 操作者手持哑铃坐在转椅上伸缩手臂,可使转速随之而改变;花样滑冰转体动作随肢体的伸缩也在改变转速,试问这两种情况地面的支持力分别起什么作用?

2. 跳水运动员或体操运动员在空中改变形体是否可以使身体停止转动?

3. 在本实验中,坐在转椅上的操作者,哑铃和转椅所构成系统的总动能是否发生变化?

 1.19　进动仪

【实验内容】了解螺式和杆式两种进动仪的原理.

【实验原理】当系统重心不通过支点时,整个系统对支点轴有重力矩作用,角动量不守恒.

由角动量定律,在 dt 时间内转轮对支点的转动角动量 L 的增量为 $dL=Mdt$,其中 M 是转轮所受的对支点的外力矩.在转轴水平情况下,转轮受到的外力矩 M 在水平面内,如图 1.19.1 所示. dt 时间后,转轮的角动量变成

$$L + \mathrm{d}L = L + M\mathrm{d}t$$

由于 M、L 和 $L + \mathrm{d}L$ 的方向均在水平面内,所以自转轴的方向不会向下倾斜,而仅在水平面内连续不断地向一方偏转,形成了绕自转轴的转动,即进动. 值得注意的是,外力矩方向始终与角动量方向垂直,因此外力矩仅改变角动量的方向,而不改变角动量的大小,即转轮的轴向改变而转速并不发生变化.

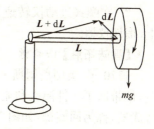

图 1.19.1 力矩合成示意图

【实验方法】

1. 杆式进动仪.

如图 1.19.2 所示,调节平衡重物的位置,使系统重心通过支点,轮的自转轴处于水平方位,整个系统处于平衡状态;让自转轮快速转动,可以看到不管怎样旋转支架,自转轮的转轴方向始终保持不变,即角动量守恒.

调节平衡重物的位置,使系统重心不通过支点,即整个系统对支点轴有重力矩作用;让自转轮快速转动,可以看到,自转轮转动的同时,其自转轴还绕竖直轴转动,称为进动.

2. 螺式进动仪.

如图 1.19.3 所示,将快速自转陀螺的自转轴斜立或水平放置在支架圆槽上,只要转速足够大,可以看到轮圈不仅不跌落,反而作进动.

图 1.19.2 杆式进动仪

图 1.19.3 螺式进动仪

【注意事项】

1. 对螺式进动仪,先将转轮高速转动,然后放在支架上,注意自转轴与水平面夹角应稍大些.

2. 在螺式进动仪转速变小将要跌落的时候应用手将其接住,以免掉落在地上,损坏仪器.

【趣味拓展】回旋镖

1770 年,英国詹姆斯·库克(James Cook)船长完成环游世界的航行回到英格兰,他带回了一件澳大利亚当地土著使用的"原始木剑",是当地人的重要狩猎和作战武器,称为回旋镖,如图 1.19.4 所示.

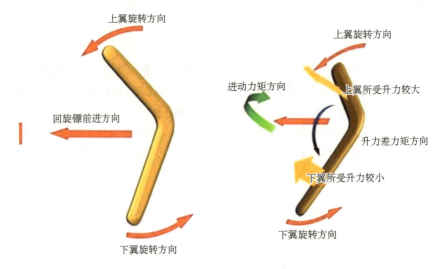

上翼旋转方向
回旋镖前进方向
下翼旋转方向

进动力矩方向
上翼旋转方向
上翼所受升力较大
升力差力矩方向
下翼所受升力较小
下翼旋转方向

图 1.19.4　回旋镖原理示意图

要解释回旋镖的神奇路线,就必须注意到这个飞快旋转的家伙,像陀螺一样,具有进动性,也就是说旋转体在受到外力矩的作用下,能够产生与这个力矩方向垂直的进动旋转力矩.回旋镖的上方翼面产生的升力总大于下方翼面,这会给回旋镖施加一个向左或向右的倾倒力矩,如果回旋镖不是在旋转,在这种力矩的作用下就会很快倾倒,但现在的回旋镖相当于一个飞转的陀螺,进动性会使回旋镖产生一个与倾倒力矩垂直的进动转向力矩,这样回旋镖不仅不会倾倒,还会在进动力矩的作用下向左或向右转向.一旦回旋镖发生转向,那么就会引发"连锁反应"——翼面升力的水平分力方向也随之发生转向,而不断转向的水平分力恰好为回旋镖的圆周飞行运动提供了向心力,这样,回旋镖就能够不断在进动力矩作用下发生转向,同时完成一个完美的闭合圆形路线,其旋转面应与铅垂线成一定夹角.

【探索思考】骑自行车的人在行驶时是靠车把的微小转动来调节平衡的.如车子有向右倒的趋势时,只需将车把向右方略微转动一下,即可使车子恢复平衡.骑车人想拐弯时,无需有意识地转动车把,只需将自己的重心侧倾,车头自然会拐向一边.试说明其中的道理.

1.20 陀螺仪

【实验内容】了解陀螺仪的工作原理.

【实验原理】当系统重心不通过支点时,整个系统对支点有重力矩 M 作用,角动量不守恒. 由角动量定理可得系统角动量增量:$dL = Mdt$. 在系统转轴水平情况下,转轮受到的外力矩 M 水平向内,dt 时间后转轮的角动量变成

$$L + dL = L + Mdt$$

由于 M、L 和 $L + dL$ 的方向均在水平面内,所以自旋轴的方向不会向下倾斜,而仅是水平向左偏转. 连续不断的向左偏转,就形成了自旋轴的转动,即进动. 值得注意的是,外力矩方向始终与角动量的方向垂直,因此外力矩仅改变角动量的方向,而不改变角动量的大小,即转轮的轴向改变而转速并不发生变化,其基本特性是进动性和稳定性.

【实验方法】如图 1.20.1 所示,常平架由支在框架上的两个圆环组成,圆环可绕各自的轴自由转动. 三轴两两垂直,且都通过陀螺仪的重心,这样,陀螺仪就不受重力矩的作用,且能在空间任意取向.

当刚体不受外力矩时,其角动量守恒,因而转动轴的方向不变,陀螺仪高速旋转时角动量很大,即使受到较小的外力矩作用其角动量也不会发生明显改变. 因此,无论怎样去改变框架的方向,都不能使陀螺仪的转轴在空间的取向发生变化.

图 1.20.1 陀螺仪

用一根细绳一端穿过回转仪转轴上的小孔,并将细绳绕在转轴上,一手抓住细绳的另一端快速将细绳拉出,转轮即迅速转动. 当向任意方向转动底座时,可以看到回转仪转轴方向始终保持不变.

【注意事项】在使用陀螺仪的时候要经常注意固定陀螺的固定螺丝,以免掉下来砸伤人.

【趣味拓展】飞机陀螺仪

陀螺仪属于机械仪器,它的重要组成是一个以很高的角速度围绕着旋转轴快速旋转的转子,而这个转子是被安装在一支架里面的. 再在转子的中心轴上面加一个内环架,具有这样的装置,它就能够围绕着飞机的两轴来做自由的运动,如图1.20.2 所示. 如果再在内环架的外边添加一个外环架的话,它可以拥有两个平衡环,这个时候,它就能够围绕着飞机的三轴做自由运动了,这样的装置已经是一个很完整的太空陀螺.

图1.20.2　飞机应用陀螺仪实物图

　　陀螺仪在正常工作的时候,为了让它可以高速旋转,需要给它一个外力,这个速度一般可以达到每一分钟几十万转,因此,它可以持续工作比较长的时间,接着使用不同的方法来记录下旋转轴指示的方向,同时自动地把数据信号送到控制系统中.

　　目前,利用机械陀螺的原理可以制造各种式样的陀螺,一般把陀螺仪分为激光陀螺、光纤陀螺、微机械陀螺和压电陀螺,这些都是属于电子式的,可跟GPS、磁阻芯片以及加速度计一起制造成为惯性导航控制系统.

　　【探索思考】在空中从不同方向空中并向同一城市飞行的飞机为什么不发生碰撞?

 1.21　回转仪

【实验内容】了解回转仪的原理.

【实验原理】绕几何对称轴高速旋转的边缘厚重的物体,角动量很大,即使受到实际情况下不可避免的外力矩(如轴承的摩擦),如果外力矩较小,其角动量的改变相对于原有的角动量来说是很小的可以忽略不计,角动量保持不变.不管怎样改变回转仪的方向,其转轴在空间的取向不变.

图1.21.1　回转仪

【实验方法】如图1.21.1所示,用约50cm的细绳一端穿过回转转盘转轴上的小孔,并将细绳绕在转轴上,一手抓住细绳的一端快速将细绳拉出,回转转盘高速旋转.

然后改变回转仪在常平架座上的位置和方位,可以看到无论回转仪的位置和方位如何改变,回转转盘的转轴在空间的指向始终不变.

【注意事项】

1. 将拉绳拉出过程中,用力不要过猛(有利于克服回转转盘的转动惯性),但要快速拉动,否则回转转盘转速不大,效果不明显.

2. 回转仪在常平架座上平动或翻转时,幅度不宜过大,且不要晃动太大,以免影响实验效果.

【探索思考】导弹等飞行体是怎样利用常平架回转仪转轴方向不变的特点来导航的?

 1.22 圆锥爬坡

【实验内容】了解物体重心高度对其运动状态的影响.

【实验原理】均匀对称结构的物体,重心在其几何中心.能量最低原理指出:物体或系统的能量总是自然趋向最低状态.本实验中锥体与轨道的形状巧妙地配合起来给人以向上滚动的错觉,实际上在低端的两根导轨间距小,锥体停在此处重心被抬高了;相反,在高端两根导轨较为分开,锥体在此处下陷,重心反而降低了,如图1.22.1所示.

【实验方法】将锥体置于导轨的高端,锥体并不下滚;将锥体置于导轨的低端,松手后锥体向高端滚去;重复第2步操作,仔细观察锥体上滚的情况.

【注意事项】圆锥轴线应与导轨平行,以免圆锥上滚时脱离轨道,砸坏底座.

【趣味拓展】沈阳怪坡

沈阳郊区30公里处发现了一个怪坡,车辆上坡省力,下坡费力,上坡能自动滑行到坡顶,下坡反而需要克服大于平地的阻力,如图1.22.2所示.

图1.22.1 圆锥爬坡

图1.22.2 沈阳怪坡

为什么这么多的人都会产生错觉呢?大家知道,进行定向定位活动,总是离不开参考系.怪坡处在两段陡坡之间,从一端往前看,迎面是山,从另一端往后看,是路面和天空的交界线,加上四周全是倾斜的山坡,找不到一个可以作为基准的水平面,这种地形地貌的烘托,很容易引起视觉上的误差.

如果说人们在不自觉寻找一种参考系的话,这里唯一能够起参照作用的大概就是护栏和立柱.从柱顶吊一根铅垂线,马上便能发现,原来每根立柱都不竖直,而是一律平行倾斜了大约5°,错觉就这样加强了.在生活习惯中,总是把柱子视为竖直.一条水平的路如果柱子一律向左倾斜,便会感到这是一条左高右低的下坡路;反之,柱子往右倾斜,便会感到是一条右高左低的上坡路.现在,在坡度不大的情况下,没人去怀疑歪的是柱子,自然就觉得斜的是道路了.

除了立柱的角度外,更能引人误入迷途的是立柱的放置方法.怪坡开头确有一小段下坡,此后才慢慢变成上坡.试想如果路边的柱子都有同一高度,各个柱子顶端的连线自然就能如实描绘出道路起伏的状况,怪坡之谜也会被人一眼看穿.而沈阳怪坡各处立柱的高度是不同的,设计者确定每根柱子长短的唯一标准是:必须使它们各自的顶点在一条直线上.这样,道路先下坡后上坡的事实便被齐刷刷的柱子顶点所掩盖了,人们误以为柱子顶点的走势就是道路的走势,于是,后面一大段上坡被误认为开头一小段下坡的继续延伸.此外,在怪坡首端,右边出发点比左边返回到达点高出数十厘米.右边垫高,是为了人们来到怪坡,放眼望去,第一印象便产生明显下坡感.而左边铲低,则为了保证回来时靠惯性滑得更远.怪坡之谜虽是人为制造,但仍包含科学道理.

1.23　滑坡竞赛

【实验内容】了解质量分布对刚体转动惯量和转动速度的影响.

【实验原理】刚体作定轴转动时服从转动定律:$M = J\beta$,即在同样力矩 M 作用下,转动惯量 J 大者,角加速度 β 小,又由于:$J = \int r^2 \mathrm{d}m$,显然,当两轮子质量相同时,质量分布离轮轴中心距离越远,转动惯量越大,轮子就滚得越慢.

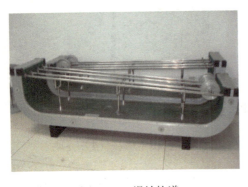

图 1.23.1　滑坡轨道

【实验方法】将质量和大小相同但质量分布不同的两个轮子分别放置于轨道的相同起点处,让两轮子同时向低点滚去,观察哪个轮子先到达终点.实验装置如图 1.23.1 所示.

【注意事项】轮子初放处一定要贴近起点边缘,以保证其初速度均为零,并且要保持轮子居于轨道的中线,防止在滚动过程中走偏从而影响滚动时间.

【探索思考】不同质量的轮子如果形状完全一样结果会是什么呢?

三、流体力学

 1.24 伯努利悬浮器

【**实验内容**】了解伯努利方程及悬浮器特性.

【**实验原理**】18 世纪瑞士物理学家丹尼尔·伯努利(Daniel Bernoulli)发现,理想流体在重力场中作稳定流动时,同一流线上各点的压强、流速和高度之间存在如下关系:

$$p_1 + \frac{1}{2}\rho v_1^2 + \rho g h_1 = p_2 + \frac{1}{2}\rho v_2^2 + \rho g h_2$$

上式称为伯努利方程.若在同一水平流线上,则有

$$p_1 + \frac{1}{2}\rho v_1^2 = p_2 + \frac{1}{2}\rho v_2^2$$

式中,ρ 为流体密度,p_1、v_1 为一处流体的压强和速度,p_2、v_2 为另一处流体的压强和速度. 显然,当流体在同一水平面流过时,如流速大,则压强小,如流速小,则压强大.

【**实验方法**】实验装置如图 1.24.1 所示. 启动电机,对倒立空气漏斗抽风,将圆盘托起到空气出口处,空气沿圆盘四周高速流出,根据伯努利方程,因为圆盘上方气体的流速比下方大,故圆盘上方的压强小,而下方压强大,对圆盘产生一个向上的推力. 在一定的情况下(注意圆盘和空气出口之间的间隙),当这个推力大到足以抵消圆盘自身的重力时圆盘就会悬浮起来.

【**注意事项**】空气球必须完全充满气体,保持完整的球体状,放入时不要直接接触到风口内部,对准上排气孔的中心即可.

【**趣味拓展**】香蕉球

根据伯努利方程,在速度较大一侧的空气压强比速度较小一侧的压强小,所以

图 1.24.1 伯努利悬浮器

球上方的压强小于球下方的压强.球所受空气压力的合力上下不等,总合力向上,若球旋转得相当快,使得空气对球的向上合力比球的重量还大,则球在前进过程中

就受到一个竖直向上的合力,这样在水平向前的运动过程中,球就向上转弯了.若要使球能左右转弯,只要使球绕垂直轴旋转就行了,如图1.24.2所示.

图1.24.2　香蕉球

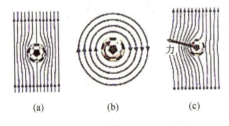

(a)　　　(b)　　　(c)

图1.24.3　香蕉球的原理示意图

图1.24.3是香蕉球的原理示意图,其中线代表的是空气流动的情形.(a)表示足球在没有旋转下水平运动的情形,当足球向前运动时,空气相对于足球向后运动;(b)表示足球只有旋转而没有水平运动的情形,当足球转动时,四周的空气会被足球带动,形成旋风式的流动;(c)表示水平运动和旋转两种运动同时存在的情形,也就是"香蕉球"的情形.如顺着气流的方向看,足球左边空气流动的速度较右边大.根据流体力学的伯努利方程,流体速度较大的地方气压会较低,因此足球左边的气压较右边低,产生了一个向左的力.结果足球一面向前走,一面还承受一个把它推向左的力,造成了球运动轨迹的弯曲.

【探索思考】

1. 你还能举出几个伯努利方程应用的例子吗?
2. 冶炼厂的高大烟囱为什么能排烟?

👥 1.25　气体流速与压强的关系

【实验内容】验证流体力学中压强与流速的关系.

【实验原理】理想流体(完全不可压缩无黏滞)在水平流管中,或在高度差效应不显著的气体中,根据伯努利方程

$$p + \frac{1}{2}\rho v^2 = 常量$$

可得在流体流动时,流速大的地方压强小,流速小的地方则压强大.

如图 1.25.1 所示,当电动机带动旋转体的叶片绕竖直轴旋转时,带动了周围空气也绕竖直轴旋转.环形纸片被空气带动也旋转起来.由于"赤道"附近空气绕竖直轴转动的速度大于上下"两极"的空气转动的速度,由气体流速与压强的关系,则"赤道"的压强小于"两极"附近的压强,于是圆环形纸片悬浮在"赤道"面上.本实验定性地验证了伯努利方程所给出的流速与压强的关系.

图 1.25.1 压强与流速演示仪

【实验方法】接通电源,按压电键,电动机带动旋转体绕竖直轴高速旋转.由于旋转体叶片的旋转带动了周围空气也绕竖直轴旋转,环形纸片也被空气带动旋转起来,最后悬浮在"赤道"面上.

【注意事项】

1.隔离罩要放平,工作时请勿打开.

2.环形纸片要轻薄,环形纸片应放在与转轴对称的位置.

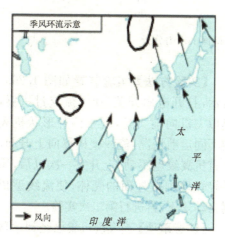

图 1.25.2 季风带示意图

【趣味拓展】季风带的形成

如图 1.25.2 所示,季风带是指由海陆热力性质差异形成的气流,热带季风的形成还与气压带、风带位置的季节移动有关.陆地比热容小,海洋比热容大,所以在夏季陆地升温快,海洋升温慢,陆地形成热低压,海洋形成冷高压,气流从海洋吹向陆地,形成暖湿的夏季风;冬季陆地降温快,海洋降温慢,陆地形成冷高压,海洋形成热低压,气流从陆地吹向海洋,形成冷干的冬季风.

【探索思考】地球的信风带是如何产生的?

1.26 飞机升力

【实验内容】 通过演示飞机升力的产生加强对流体力学的了解.

【实验原理】 根据伯努利方程,在同一水平流线上的流体,其压强 p 与流速 v 存在一定的关系:

$$p + \frac{1}{2}\rho v^2 = 恒量$$

上式表明流速大的地方压强小,流速小的地方压强大,飞机能在空中飞翔就是利用这一原理.

飞机机翼的形状是经过精心设计的,呈流线型,下面平直,上面圆拱,飞行时能使流过机翼上方空气的流速大于机翼下方的空气流速.从伯努利方程来看,在速度比较大的一侧压强要相对低一些,因此机翼下表面的压强要比上表面大,形成一个向上偏后的总压力,它在垂直方向上的分力叫举力或升力,如图 1.26.1 中的(a)所示.实验指出,举力与机翼的形状、气流速度和气流冲向翼面的角度有关.正是举力的作用使飞机机翼向上浮起.如果机翼的上下形状相同,如图 1.26.1 中的(b)所示,那么上下压强相同,就不存在压力差,即,没有升力.

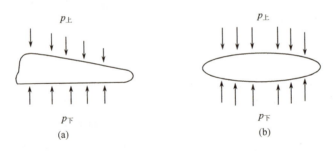

图 1.26.1 机翼上下两面的压力分析

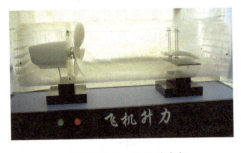

图 1.26.2 飞机升力仪

【实验方法】 实验装置如图 1.26.2 所示,打开电扇开关,让气流流过机翼,模拟飞机向前飞行,观察两种形状机翼的不同运动情况,流线型机翼向上升起,平直机翼纹丝不动.上升完一次以后,用手轻轻地拍打外面的壳体,使流线型机翼自动落下,再进行第二次实验.

【注意事项】 当发现机翼已经到达顶端时,要立即松开电源开关,长时间按住开关,容易烧毁内部的电容器元件.

【趣味拓展】航空风洞

航空风洞(wind tunnel)是研制各种飞机、导弹、宇宙飞船等航空航天器的必备实验条件,通过人工产生和控制气流,以模拟飞行器或物体周围气体的流动,并可量度气流对物体的作用以及观察物理现象来研究航空航天器的气动特性,它是进行空气动力实验最有效的工具,如图 1.26.3 所示.

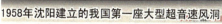
1958年沈阳建立的我国第一座大型超音速风洞

图 1.26.3 中国第一座大型风洞

小型风洞采用高速风扇提供风力,其风速都在每小时 1200km 之内.而中型与大型风洞采用事先储存的气体在短暂的几秒,甚至几毫秒中释放,形成威力巨大的冲击风力.测试的对象越是先进高级,其检测的难度越大,风洞的规模也越大.例如美国和俄罗斯,他们的风洞内可放进整架飞机,如美国为了检测 F-22 隐形战斗机的特殊菱形机身,动用了 22 种不同的风洞检测,得出机身表面每平方米的阻力系数仅为 0.034.而美国的航天飞机"哥伦比亚号"反反复复做各种不同的风洞检测达 3 万多小时,确保了其飞行的安全与正常运转.然而建立一个大型风洞耗资非常巨大,美国在 1968 年建造的一个大型风洞就耗费了 5.5 亿美元巨资.风洞检测除了应用于航空、航天器之外,在国民经济其他领域里也同样大显身手.例如用于各种材料的抗压抗热试验,汽车、高速列车、船只的空气阻力、耐热与抗压试验等.

【探索思考】飞机的空速器是如何测速的?它一般装在哪些位置比较合适?空速器为什么还可以测量飞机飞行的高度(静压头的大小)?

1.27 听话的小球

【实验内容】进一步了解流体力学的有关现象.

【实验原理】如图 1.27.1 所示,小球受吹气扰动并不脱离气流,是因为垂直喷口吹在小球底部的气流在顶起小球时,喷口中心处气流速度快,因此压强小;而绕

图 1.27.1　听话小球

过小球周围的气流速度慢,压强大,这就存在使小球向气流中心返回的趋势.同时小球上部存在小气流漩涡,使小球上方压力较小,在压力差作用下,小球向前运动.又由于喷口处气流速度快、压强小,导致连通管中气流涌向喷口,使管内气压小于外部气压,进而导致上水平管进气口处吸入喷出的气流和空气,故当小球升至进气口处时,受口内外压力差作用,小球被压进(吸进)进气口,而沿管作周而复始的运动.

【实验方法】打开电源开关,将两个泡沫小球置于塑料管内,

【注意事项】每运转一次自动停机 5 分钟,否则容易引起吹风机发热.

【探索思考】环保空调喷雾的三叉管是利用伯努利原理吗?

1.28　转动液体内部压强分布实验

【实验内容】观察液体内部压强变化.

【实验原理】两个比重分别大于和小于水的小球分别置于转动转盘上透明管中,当转盘转动时,两个小球由于受到惯性离心力的作用,其位置会发生变化,位置变化反映出转动系统中液体内部压强的变化及所受的离心力.

【实验方法】实验装置如图 1.28.1所示,转盘静止时可看到重球在透明管的底部,轻球浮在管中的水平面上.接通电源,调节调压器,使转盘转动,并使转速逐渐加快,可观察到重球逐渐上升,轻球逐渐下降.当重球升到顶部后,断开电源,转盘转速将逐渐减慢,可观察到两个小球做与转盘渐快时相反的运动,或可立即手动停止转盘转动,可静止观察其现象,从而分析转动液体的内部压强分布.

图 1.28.1　压强分布

【注意事项】最高只能调到 75 V,否则转速太快易发生危险.

【探索思考】用比重相同的两个小球做实验会出现什么结果?

1.29 真空物理现象

【实验目的】真空状态下的物理现象.

【实验原理】通过真空机将玻璃容器抽至接近真空状态,充气的气球会因内外气压差发生膨胀,随着容器真空度的不断增大,气球越胀越大,最后爆炸.如果将气球换成自动铃铛,刚开始可以听到铃声,随着容器真空度的增加,铃声逐渐消失,因为声波必须依靠介质传播,真空度越大,声音传播能力越弱.

【实验方法】如图 1.29.1 所示,将调响的电铃或者气球置于玻璃罩内,先打开真空泵内控电源,再打开外控开关电源,会发现电铃响声逐步减小,直至完全消音,如果是气球,则会在几分钟后爆炸.

图 1.29.1 真空器

【注意事项】真空机在没有水循环的环境下运行容易发热,不能运转时间过长,每观察一轮实验现象后,最少停运 5 分钟以上.

【探索思考】容器的真空度与什么有关?

 1.30 龙卷风

【实验内容】模拟龙卷风的涡旋.

【实验原理】一般情况下,位于下方的高压大气会向上填补真空或低气压区域,形成强流动气流.更下方的气流不断上升填补上方气流流动产生的低压区,从而形成龙卷风下降至地面的形态,接近地面的龙卷风中心区域气压极低.涡旋现象由最初真空或低压区域周围的水平气压差诱导形成,这种气压差总是存在的.

在龙卷风高空发源点,除了下方气体会向上流动填补真空或低压区域,水平位置的大气也会向真空或低压中心流动,从而在龙卷风发源点形成一个很强的涡旋气流结构,但水平位置的大气气压要比下方大气气压低,因而不会制约下方大气上升.如果两股流动的气流呈锐角相互作用,并且作用后的气流合并通道截面不大于作用前的气流分通道截面之和,则气流作用后的合并流速必定加大.

在夏天的午后或傍晚,地面的高温气流上升至高空更容易冷凝形成剧烈降水或低压区,这一时间段更容易产生龙卷风现象.在真空或低气压效应下,外围大体积的龙卷风涡旋的气流相互作用汇集,在围绕龙卷风中心区域的小通道内上升,因而获得极大气流动能,从而产生震撼人心的效应,强气流甚至可以将地面物体带到高空.

图 1.30.1　龙卷风模型

【实验方法】将装有超声雾化装置的盛水容器加水至传感器位置,合上有孔容器盖,然后,开启电源,大约在 30 秒左右,即可观察到龙卷风模型水雾螺旋柱.实验装置如图 1.30.1 所示.

【注意事项】不能用手干扰水柱,不能堵住四个立柱的风口.

【探索思考】空气中可随时产生空气涡流,但只有当它们夹带着能散射光线的粒子时方能被发现,你能举例说明吗?

1.31　气体涡旋

【实验内容】了解气流快速通过小孔时形成的环形涡旋.

【实验原理】由于流体的黏滞性,通过圆孔中心处的气体流速大,靠近孔边处的气体流速小.因而在圆孔边缘气体未及时赶到而留下空间,于是通过圆孔中心的气体便回旋过来补充,从而形成涡旋.

【实验方法】首先将烟送入圆筒的里面,圆筒中充满了烟以后,用手掌急剧地敲击薄膜的中部,则由这冲击所逐出的烟流,通过圆孔形成环形涡旋.实验装置如图 1.31.1 所示.

【注意事项】

1. 敲击薄膜要快速.

2. 要在烟雾充满圆筒后才能敲击薄膜.

图 1.31.1　气体涡旋演示仪

【探索思考】为什么定常风吹过烟窗或电线时会形成交替逝去的涡旋?

1.32　空气黏滞力

【实验内容】了解空气黏滞力.

【实验原理】平板旋转与空气产生摩擦,进而带动空气形成旋流,流动的空气再与上面的平板产生摩擦,引起相对运动.

【实验方法】如图 1.32.1 所示,开启电源,将电压旋钮调至较小位置,然后逐步加大,会发现下面的黑色圆盘慢慢旋转,两个圆盘间的空气随圆盘旋动.在旋转空气的作用下,大约 1 分钟后,上面的红色圆盘开始旋转,并且越来越快.

【注意事项】转速旋钮要逐渐增大,不可调
到最大,否则会引起上面的平板运动不平稳.

【兴趣拓展】航天器着陆与空气黏滞力

航天器返回时重新进入地球大气层,称为再
入.再入航天器进入大气层后受到空气阻力(黏滞
力)的作用,其方向与速度方向相反,大小与大气
密度、飞行速度的平方以及表示再入体形状特征
的阻力面积成正比.地球大气虽然稀薄(尤其是高
层大气),但如果再入体有较大的阻力面积,气动
阻力所产生的减速仍足以使其速度大大减小.至
今,再入航天器都是利用地球大气层这一天然条
件,应用气动减速原理实现地面安全着陆的.

图 1.32.1　空气黏滞力演示仪

大气黏滞力减速会使再入航天器内人员和设备受到制动过载的作用,保证制
动过载不超过人体或设备所能耐受的限度,也是实现返回的必要条件.大气减速还
使再入航天器受到加热,当再入航天器以极高的速度穿过大气层时,由于对前方空
气的猛烈压缩并与之摩擦,航天器的速度急剧减小,它的一部分动能转变为周围空
气的热能,这种热能又以对流传热和热辐射传热两种形式部分地传给航天器本身,
使航天器表面温度急剧升高,形成气动加热.

【探索思考】宇宙飞船返回舱着陆后为什么发红发黑?

 ## 1.33　空气泡

【实验内容】研究液体内气泡形成的过程.

【实验原理】玻璃筒内盛有甲基硅油,筒外连接一打气筒,上下按动打气筒,受
表面张力作用,硅油中会产生许多不同大小的空气
泡,气泡的浮力会使气泡向上运动,大气泡的速度要
比小气泡快,因而会吃掉小气泡,形成更大的气泡.

【实验方法】如图 1.33.1 所示,打开彩灯电源,
并按动打气筒打气,打气速度逐步加快,发现气泡越
来越多,大气泡不断吸收上面的小气泡.

【注意事项】不能摇动盛有硅油的立柱,防止硅
油渗漏.

【探索思考】

1. 为什么会产生气泡?
2. 大气泡的速度为什么比小气泡快?

图 1.33.1　空气泡

第2章

热 学

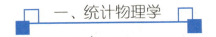

一、统计物理学

2.1 伽尔顿板

图 2.1.1 伽尔顿板

【实验内容】了解大量偶然事件的统计规律和涨落现象.

【实验原理】单个小球的运动偶然性源于小球与铜棒频繁碰撞的无序性,大量偶然事件是满足某种统计规律的(如高斯分布). 由于统计规律是多次计量的结果,每次计量结果与统计结果存在着或大或小的差异,这是必然的,称为统计涨落现象.

如图 2.1.1 所示,伽尔顿板中小球开始下落时的水平速度对分布的影响不大,而铜棒的多少却对分布有较大的影响.

【实验方法】

1. 关闭伽尔顿板中部的隔板,翻转伽尔顿板,使小玻璃球都在隔板上部的漏斗内.

2. 小心抽开隔板,使小玻璃球一个一个或几个几个地通过隔板,可见每个小玻璃球落入哪个格中是完全任意的,表明这是偶然事件;随着下落的小球越来越多,小球在格中的分布呈现规律性;这就是个体无序和整体有序.

3. 重复步骤1,完全抽开隔板,让大量小玻璃球通过隔板,落下的小球在格中形成规律分布特点,用白纸在外面描绘出小球分布曲线,如图 2.1.2 所示.

4. 重复上述实验,可见每次小球的分布大致相同,而略有差别. 从而说明大量偶然事件的整体有一定的规律性,这就是统计规律性;每次实验结果的偏差,就是统计规律中的涨落现象.

【注意事项】正确翻转方法：一只手扶住支架，另一只手放在有机玻璃板的肩部，使其转动.转动前要特别注意检查两边的转轴是否有松动，有机玻璃板脱落将被摔碎.

【探索思考】

1. 用大量个体测量统计规律的要求如何？

2. 如何用计算机模拟这种运动？

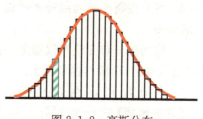

图 2.1.2　高斯分布

2.2　分子运动速率分布

【实验内容】模拟气体分子速率分布、速率分布与温度的关系，了解温度对速率分布的影响.

图 2.2.1　速率分布仪

【实验原理】本实验是速率分布的模拟实验，如图 2.2.1 所示.其装置是在类似伽尔顿板铜棒点阵的右侧设置了接收隔槽，每一个隔槽接收落球的数量与一定的水平速度有关，隔槽接收落球数量的分布反映了落球按水平方向速度的概率密度分布.由归一化条件，气体分子速率分布曲线下的面积恒等于 1，所以对于同种气体分子而言，温度越高，曲线越平坦，速率较大的分子数越多.因落球从漏斗下落起始点的位置影响水平方向的速度分布，这相当于温度对气体速率的影响，所以，用调节漏斗下落起始点的位置来模拟"调温".这样可定性地表示水平方向速度分布随温度的变化.

【实验方法】

1. 将仪器竖直放置在地面上，推动调温杆使活动漏斗的漏口对正温度 T_1 的位置.

2. 底座不动，按转向箭头的方向转动整个边框一周，使仪器恰好为竖直位置.

3. 钢珠集中在储存室里，由下方小口漏下，经缓流板慢慢地流到活动漏斗中，再由漏斗口漏下，形成不对称分布落在下滑曲面上，从喷口水平喷出.位于高处的钢珠滑下后水平速率大，低处的滑下后水平速率小，而速率大的落在远处的隔槽内，速率小的落在近处的隔槽内.当钢珠全部落下后，便形成对应 T_1 温度的速率分布曲线.

4. 拉动调温杆，使活动漏斗的漏口对正 T_2（高温）位置.

5. 再次按箭头方向翻转演示板 360°,钢珠重新落下,当全部落完时,形成对应 T_2 的分布.

6. 将两次分布曲线在仪器上绘出标记,比较 T_1 和 T_2 的分布,可以看出温度高时曲线平坦,最概然速率变大.

7. 利用 T_1 和 T_2 两条分布曲线所围面积相等可以说明速率分布概率归一化.

【注意事项】在转动仪器时,不要用过大的力气沿横向摇动,以免小弹珠偏离小槽.

【探索思考】为什么隔槽系列落球的数量分布反映众球的速率分布? 可否用本仪器演示气体分子质量对速率分布的影响?

2.3 玻尔兹曼分布

【实验内容】了解玻尔兹曼统计规律.

【实验原理】在重力场中,气体分子受到两种相互对立的作用. 无规则的热运动将使气体分子均匀分布于它们所能达到的空间,而重力则会使气体分子向下聚集. 这两种作用达到平衡时,气体分子在空间作非均匀分布,分子数随高度而减小,理论表明位置越高处粒子数密度越小.

图 2.3.1 分子运动演示仪

本实验中用小钢球模拟气体分子,利用外部电机使砧子产生振动,从而使放置于砧子上的小钢球具有相应的初速度,如图 2.3.1 所示. 调节外加电压的大小,改变砧子的振动频率,从而改变钢球的初速度. 大量钢球具有一定初速度后,其在空间的分布就遵循重力场中粒子按高度的分布规律,位置越高处粒子数越少. 为了说明这一规律,当大量钢球在空间分布较稳定时,迅速插入等间距的隔板,隔板中的粒子数分布也就是相邻等距空间中粒子数的分布,实验验证满足重力场中粒子按高度分布的统计规律.

【实验方法】

1. 在透明箱体中的下活塞盖上放一些直径约 2mm 的小钢球,用来模拟气体的分子,再放入一块形状不规则的硬泡沫塑料,体积约 1cm³,用来模拟布朗粒子. 然后放入上活塞盖,盖好箱盖.

2. 向上拨动打开分子运动演示仪的开关,然后打开直流稳压电源的开关并逐渐顺时针调大其电压输出,使小电动机旋转,通过偏心连杆机构使下平板上下振动,它的冲击使这许多小球在透明箱体中做无规则运动. 在小球的冲击下,看到"布朗粒子"也做无规则运动.

3. 将演示仪右侧的槽板半插入透明箱体,重复步骤2,小球振动过程中落入槽板,在槽板中小球数量的分布为下多上少.这一过程模拟了重力场中气体分子的密度随高度变化的分布规律.

4. 可以多次测量重力场中小球随高度变化的数目分布,找出其规律性,并于理论结果比较.

【注意事项】

1. 实验时,盖好箱盖,防止小钢球飞出伤人.

2. 装置不宜长时间工作;接通电源开关前应将其输出旋钮逆时针调到最小,电压不宜调得过高,即振动板振幅应控制在合适的范围内.

【探索思考】如果小球的质量近似于氢分子,那么大量小球的分布规律与本实验结果相同吗?

二、热 力 学

2.4 模拟电冰箱

【实验内容】了解常用电冰箱的工作原理.

【实验原理】常用电冰箱属于蒸汽压缩式制冷装置,如图 2.4.1 所示.蒸汽压缩式制冷装置是由 4 个基本部件组成,即制冷压缩机、冷凝器、节流装置(电冰箱中的毛细管)、蒸发器.电冰箱工作时,制冷压缩机不断把蒸发器中汽化的蒸汽吸出,压缩后排入冷凝器,使蒸发器总保持在较低的压力下.蒸发器中的制冷剂在低压低温下沸腾时不断吸取冷冻室里的热量,使冷冻室维持低温.蒸发器中制冷剂的沸腾

图 2.4.1 电冰箱装置

温度约为−25℃左右,其压强略高于一个标准大气压.压缩机排出的高压热蒸汽在冷凝器中不断地把热量散发给周围的空气,并凝结成液体.冷凝器与蒸发器之间存在着很大的压力差,毛细管就设置在冷凝器与蒸发器之间,制冷剂流经毛细管时阻力极大,产生的压降起着节流的作用.没有毛细管,制冷压缩机工作时就无法维持蒸发器工作时所必需的低压和冷凝器工作时所必需的高压.

　　【实验方法】合上电源开关,让压缩机开始工作,稍等片刻后,用手触摸冷凝器、散热器和压缩机,注意各部件温度的差异;观察压力表的差异;注意冷凝器先降温的部分和散热器先升温的部分的位置.

　　【注意事项】由于所有部件都是外露的,整个系统又是密封的,因此不要用力触摸各部件.

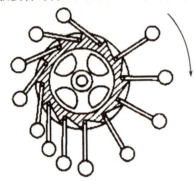

图 2.4.2　永动机模型

　　【趣味拓展】永动机

　　永动机的想法起源于印度,公元 1200 年前后,这种思想传到了西方.在欧洲,早期最著名的一个永动机设计方案是 13 世纪时一个叫亨内考(Henneco)的法国人提出来的.如图2.4.2 所示,轮子中央有一个转动轴,轮子边缘安装着 12 个可活动的短杆,每个短杆的一端装有一个铁球.方案的设计者认为,右边的球比左边的球离轴远些,因此,右边的球产生的转动力矩要比左边的球产生的转动力矩大.这样轮子就会永无休止地沿着箭头所指的方向转动下去,并且带动机器转动.

　　自哥特时代起,各种各样永动机的设计方案越来越多,有采用螺旋汲水器的,有利用轮子惯性、水的浮力或毛细作用的,也有利用同性磁极之间相互排斥的,最典型的永动机有达·芬奇(da Vinci)永动机和斯特尔(Stehr)永动机.

　　宫廷里聚集了形形色色的企图以这种虚幻的发明来挣钱的方案设计师,有学识的和无学识的人都相信永动机是可能的.这一任务像海市蜃楼一样吸引着研究者们,但是,所有方案都无一例外的以失败告终.他们长年累月地在原地打转,创造不出任何成果.通过不断的实践和尝试,人们逐渐认识到:任何机器对外界做功,都要消耗能量,不消耗能量,机器是无法做功的.

　　【探索思考】

　　1. 通过了解常用电冰箱结构,你能否解释其每一部件的作用?

　　2. 怎样以消耗同样的功率而获得较好的制冷效果?现在产生了什么新的制冷技术?

2.5 温差发电

【实验内容】了解电、热两种能量形式之间的直接转换.

【实验原理】导电材料中的自由电子具备一定能量,不同导电材料中电子的能量可以不相同,当由两种不同导电材料构成直流电路中的导电部分时,在两种材料的接触面上将有电子的迁移,向低能态材料迁移的电子将多余能量传递给材料晶格而使之发热,向高能态材料迁移的电子将从晶格吸收能量而使之变冷.这就是电能直接转化为热能的物理机理.若外界使接触面两边的导电材料维持一定的温度差,接触面两边产生电动势而使电路中有直流电流流过,这就是温差发电的原理.

【实验方法】如图 2.5.1 所示,将下水槽注满冷水,把盛有热水的上水杯放在热堆片上,即可看到热电堆发的电推动小电机转动.

【注意事项】注意不要破坏触点.

【趣味拓展】海水温差发电

海洋是世界上最大的太阳能采集器,它吸收的太阳能可达到 37 万亿千瓦,是目前人类电力消耗总功率的大约 4000 倍,仅可开发利用部分也已远远超出全球总能耗.

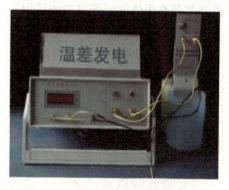

图 2.5.1 温差发电实验仪

图 2.5.2 海洋温差层

海洋温差能又称海洋热能,是利用海洋中受太阳能加热的暖和的表层水与较冷的深层水之间的温差获得的能量,如图 2.5.2 所示.在南北纬 30 度之间的大部分海面,表层和深层海水之间的温差在 20℃左右;赤道附近太阳直射多,其海域的表层温度可达 25~28℃,波斯湾和红海由于被炎热的陆地包围,其海面水温可达 35℃.而在海洋深处 500~1000m 处海水温度却只有 3~6℃.这个垂直温差就是一个可供利用的巨大能源.

早在 1881 年 9 月,巴黎生物物理学家德·阿松瓦尔(D. Hassoun Val)就提出利用海洋温差发电的设想.1926 年 11 月,法国科学院建立了一个实验温差发电站,证实了阿松瓦尔的设想.1930 年,阿松瓦尔的学生克洛德(Claude)在古巴附近的海中建造了一座海水温差发电站.1961 年法国在西非海岸建成两座 3500 千瓦的海水温差发电站.美国和瑞典于1979年在夏威夷群岛上共同建成装机容量为1000千瓦的海水温差发电站,美国还计划在21世纪建成一座100万千瓦的海水温差发电装置,以及利用墨西哥湾暖流的热能在东部沿海建立500座海洋热能发电站,发电能力可达2亿千瓦.

【探索思考】本实验中,若将热电堆通电,将可使热量从低温区转向高温区,试说明是否违反热力学第二定律?

2.6 热声效应

【实验内容】了解热声效应的基本原理及其在冷却红外探测器件、超导电子学器件等低温固体电子器件中的应用.

图 2.6.1 热声致冷演示仪

【实验原理】如图2.6.1所示的是共振型驻波热声致冷实验装置.共振型驻波热声致冷机是利用管内产生的近共振的驻波声场产生热效应进行工作的,其机制是热声效应.所谓热声效应是指在可压缩的流体的声振荡与固体介质之间,由于热相互作用而产生的时均能量效应.

要了解热声效应就要具体探讨热声管中气体的运动.在谐振管上端有一热声堆,扬声器产生的声波在谐振管内形成纵向驻波,管的两端为驻波的压力波腹,当声压增加时,气团向上(谐振腔封闭端方向)运动且被压缩,温度升高,此时气体温度比其附近热声堆的温度高,于是就把热量输给热声堆.当驻波继续完成一周时,气团向下运动,声压降低,但热声堆温度降低较少,热声堆温度高于气团温度,要向气团输热,所以气团每次振动都从下吸取热量向上输送热量.

热声堆中有无数个这样的气团,运动情况相同,它们就像接力赛一样,从下端吸热输送到上端.在共振条件下,气团快捷、有效地如此循环运动,产生明显的宏观效应,从而完成热声泵作用.这就是热声效应的基本原理.

【实验方法】

1. 置于热声堆上的温度传感器接口为接线盒温度(上)插座,置于热声堆下的温度传感器接口为接线盒温度(下)插座.用立体声连线连接好数字温度计,接通数字温度计电源,预热仪器10分钟,观察温度读数是否一致.若不同,可用螺刀校准,校准电位器孔为"℃"符号下方的小孔,一般可校准于两温度计平均值;或记录初始读数.切勿旋动"℃"符号上方的电位器.

2. 连接好扬声器输入与信号功率源,逐步调小幅度调节旋钮,打开信号功率源开关(开关位于仪器后盖板),调节信号源频率为 290~370Hz 之间.同时准备好秒表作好记录准备工作.

3. 给仪器盖上有机玻璃罩,预热仪器 5 分钟后,调节幅度电位器使输出电压为 20.0V.

4. 仔细观察数字温度计的变化,缓慢调整频率,观察温度变化显著的频率点并加以记录.

5. 在实验进行 2 分钟后,记录热声堆上、下温度变化情况,并找到本仪器的最佳工作频率点.

6. 待仪器恢复原来温度后,用最佳频率点重复实验,并以 5s 或 10s 间隔记录温度变化,绘制温度变化曲线.

【注意事项】 因振动输出具有破坏性,故实验中必须有人照看.

【探索思考】 本实验仪谐振频率约 335~345Hz,随环境温度略有变化.可以通过观察温升变化来确定合适的工作频率,观察更多的频率段是否有明显的效果?

2.7 光压热机

【实验内容】 了解一种由于光压和温差作用的简易热机.

【实验原理】 光压实验装置如图 2.7.1 所示.光对被照射物体单位面积上所施加的压力叫光压.如阳光照在身体上,不仅会感觉发暖,亦有压力,只是因为光压太小,人的感觉器官感觉不到.测量光压的实验所用仪器的主要部分是一用细线悬挂起来的极轻的悬体,其上固定有小翼,其中一个涂黑,另一个是光亮的.将悬体置于真空容器内,借助透镜及平面镜系统将由弧光灯发出的光线射向小翼中的一个.由于作用在小翼上的光压

图 2.7.1 光压热机实验装置

力,使悬体转动.转动的大小,可借助望远镜及固定在轴线上的小镜观察到.移动透镜及平面镜能使光射在涂黑的小翼上.比较两种情况下悬体转动的大小,测得涂黑表面所受的光压力比反射表面(未涂黑)所受的光压力小一半,这与理论值完全符合.

【实验方法】 装置如图 2.7.2 所示.把仪器置于平台之上,打开照明灯,可以观察到叶片开始转动.

【注意事项】 玻璃仪器要轻拿轻放,切勿晃动.

【探索思考】 照射光的波长影响实验结果吗? 为什么?

图 2.7.2　光压热机实验装置

2.8　斯特林热机

【实验内容】了解热力学循环过程.

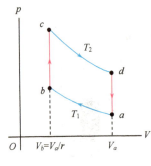

图 2.8.1　斯特林循环

【实验原理】斯特林热机对应的热力学循环过程如图 2.8.1 所示. ab 为等温压缩,工作气体的温度不变,但是压强增大;bc 为等体积加热,从热水获得热能;cd 为等温膨胀,工作气体的温度不变,但压强减小;da 为等体积冷却,将热排至环境,r 为压缩比. 所以,史特林热机其实是由两个等温过程及两个等体积过程组成的热力学循环. 值得注意的是,在 T_1 和 T_2 相差不大的情况下,斯特林热机的效率可用最佳的卡诺循环 $\eta = 1 - \dfrac{T_1}{T_2}$ 估算.

【实验方法】实验装置如图 2.8.2 所示. 将组装完成的斯特林引擎放在一杯热水上,稍等一会儿,待热传导至引擎室的下方,此时稍微转动飞轮,引擎即开始运作. 接下来就是靠着热水提供的能量,持续转动.

【注意事项】斯特林热机引擎室要求干净,及时清理灰尘及杂物.

【探索思考】

1. 引擎的循环对应什么样的热力学过程?

2. 飞轮的旋转方向与引擎的机构设计有关系吗？抑或是由初始旋转方向决定的?

图 2.8.2　斯特林热机

3. 如果升高热水的温度,将会影响什么? 如果要让引擎持续运转的时间增加,可采用些什么方法?

2.9 投影式相临界点状态

【实验内容】了解等容积时一定比例乙醚的气-液两相的变化过程和相临界点.

【实验原理】通常的气液相变表现为一相增加,另一相减少. 然而,等容加热通过临界状态的相变却不同,这时液面位置不变,而是逐渐模糊以致消失.

【实验方法】装置如图 2.9.1 所示.

1. 乙醚管挂在加热筒内,接通灯的电源,使管中的乙醚气液状态清晰投影到屏幕上,可看到像的上部是液体,下部是气体.气液两相的分界面可清晰地看出,而两相在折射率上的差别清晰可辨(注意:图 2.9.2 为倒像,上为乙醚液体,下为空气).

图 2.9.1 相临界点投影仪

图 2.9.2 气液两相分界面

2. 接通加热筒电源,经过几分钟后,可看到气液两相折射率的差别减少,液面逐渐由弯曲趋于平坦,表明气液两相差别减少,表面张力亦减少. 最后,乙醚的液面逐渐模糊而消失,气液两相的差别完全消失,达到临界状态.

3. 液面消失后立即切断加热筒电源,经过 1~2 分钟,筒内温度下降,可看到液面在原处复现.

【注意事项】

1. 箱内有封装乙醚的玻璃管和加热装置,不要随意打开箱盖和挪动箱体.

2. 实验前查阅或复习相点变化的有关知识.

【探索思考】等容状况下气-液两相的变化过程和临界点状态与通常状况有何区别?

2.10 饮水鸟

【实验内容】通过观察小鸟模型的周期性运动,理解蒸发制冷和能量守恒原理.

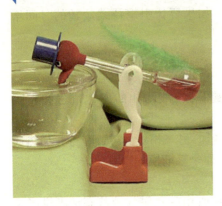

图 2.10.1　饮水鸟

【实验原理】饮水鸟是一种玩具,并不是永动机,它之所以能不停地点头喝水,是因为它包含着复杂的物理学原理. 如图 2.10.1 所示,原来"饮水鸟"体内的液体是乙醚一类易挥发的液体,在高温里很容易蒸发,而液体的饱和蒸汽所产生的压力又会随温度的改变而显著的改变.

头部受冷,气压下降,尾部的液体因为吸力沿颈部上升,这样头的重量在增加,尾部的重量在减轻,重心位置发生变化,当重心超过脚架支点而移向头部时,鸟就俯下身到平衡位置,这个位置可以通过鸟嘴的重量来调试.

头部降低,内部发生两个变化. 一是"饮水鸟"的嘴浸到了水,这样鸟头被打湿. 二是上下的蒸汽区域连通,两部分气体混合,没有了气压差,但由于吸收了周围空气的热量,蒸汽的温度略有上升. 这时上升到头部的液体,在本身的重量作用下流向下端尾部,尾部变重,头部向上翘,液体全部集中到尾部,同时,头部的蒸汽因为刚粘到水又开始冷却.

原来"饮水鸟"头部不断吸收周围空气的热量就是这奇妙的"饮水鸟"能够活动的原动力. 正是因为它使用的是周围察觉不到的能源,所以才会被人误认为是永动机.

【实验方法】置于阳光下或灯光下即可.

【注意事项】玻璃制品,轻拿轻放.

【探索思考】

1. 如果把饮水鸟放置在一个密闭的空间,水汽达到饱和,它还能不停地运动吗？为什么？

2. 光的强度大小对于小鸟低头饮水的频率有无影响？

第3章

振动和波动

一、振 动

3.1　弹簧振子

【实验内容】观察由弹簧和物体组成的弹簧振子在平衡位置附近的振动.

【实验原理】如图 3.1.1 所示,初始时刻,物体处于平衡位置,弹簧处于自然状态,当物体离开平衡位置时,物体受到的合外力与离开平衡位置的位移成正比而方向相反,物体在平衡位置附近作简谐振动.

【实验方法】用手拉弹簧,使物体离开平衡位置后放手,可观察到其在平衡位置附近的振动.

【注意事项】注意振幅不能过大.

【探索思考】振子振动的周期与哪些因素有关?

图 3.1.1　弹簧振子

3.2　单摆

【实验内容】了解单摆的运动规律、测量重力加速度.

【实验原理】当摆角很小(一般 $\theta < 5°$)时,单摆作简谐振动,振动周期为

$$T = 2\pi \sqrt{\frac{l}{g}}$$

式中,l 是单摆的摆长,g 是当地的重力加速度大小. 可以看出,通过测量摆长 l 和摆动周期 T,即可计算出当地的重力加速度 g.

图 3.2.1　单摆

【实验方法】如图 3.2.1 所示.将单摆拉开一个较小的角度后放手,让其围绕平衡位置作来回往复运动,测量其振动周期和摆长,可求得当地重力加速度.

【注意事项】单摆拉开偏离平衡位置不要太远.

【探索思考】单摆摆角较大时,单摆的运动是简谐振动吗?

3.3　傅科摆

【实验内容】验证地球自转.

【物理原理】证实地球自转的仪器,是法国物理学家傅科于 1851 年发明的.地球自西向东绕着它的自转轴自转,同时在围绕太阳公转.观察地球的自转效应并不难.用未经扭曲过的尼龙钓鱼线,悬挂摆锤,在摆锤底部装有指针,摆长从 3 米至 30 米皆可.当摆静止时,在它下面的地面上,固定一张白卡片纸,上面画一条参考线,把摆锤沿参考线的方向拉开,然后让它往返摆动,几小时后,摆动平面就偏离了原来画的参考线.这是在摆锤下面的地面随着地球旋转产生的现象.该实验被称为"最美丽的十大实验"之一.

由于地球的自转,摆动平面的旋转方向,在北半球是顺时针的,在南半球是逆时针的.摆的旋转周期,在两极是 24 小时,在赤道上傅科摆不旋转.在纬度 40° 的地方,每小时旋转不足 10°,即在 37 小时内旋转一周.显然摆线越长,摆锤越重,实验效果越好.因为摆线长,摆幅就大,周期也长,即便摆动次数不多,也可以察觉到摆动平面的旋转、摆锤越重,摆动的能量越大,越能维持较长时间的自由摆动.

【实验方法】如图 3.3.1 所示,将摆锤沿某一角度拉开,然后松手,让其做自由摆动(平面),过一段时间后观测其偏转的角度.由于摆受到空气阻力,所以需要接通电源,开启能量补偿按钮以补充能量.通常情况下,1 小时以上才比较准确,观

图 3.3.1　傅科摆

察摆平面,看是否已转过一个角度,并测量其角度.

【注意事项】摆动小球不能用力过大,避免击破玻璃,另外注意小球摆幅要平稳.

【探索思考】傅科摆的转动速度和地球的纬度有关系吗? 若有,有何关系呢?

 ## 3.4　简谐振动的合成

【实验内容】研究两个频率不同、振动方向相同或振动方向相互垂直的简谐振动的合成,观察拍现象和李萨如图形.

【实验原理】

1. 两个同方向不同频率简谐振动的合成

如果两个简谐振动的振动方向相同而频率不同,那么合成后的振动仍与原振动方向相同但不再是简谐振动.现设两简谐振动的振幅都为 A,初相位均为零,它们的振动方程分别为

$$y_1 = A\cos\omega_1 t = A\cos 2\pi v_1 t$$
$$y_2 = A\cos\omega_2 t = A\cos 2\pi v_2 t$$

则合成振动方程为

$$y = y_1 + y_2 = 2A\cos 2\pi \frac{v_2 - v_1}{2} t \cos 2\pi \frac{v_2 + v_1}{2} t$$

若两个分振动的频率都较大且其差很小时,即 $v_2 - v_1 \ll v_2 + v_1$,合振动可看作为振幅随时间缓慢变化的近似谐振动,振幅随时间变化且具有周期性,表现出振动或强或弱的现象,如图 3.4.1 所示,称为拍,变化的频率称拍频,拍频为 $v = |v_2 - v_1|$.

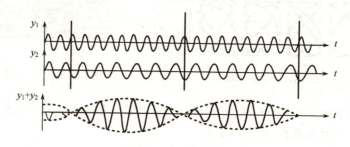

图 3.4.1　拍

2. 相互垂直的简谐振动的合成

若两分振动频率相同,分别在 x 轴和 y 轴上进行,它们的振动方程分别为

$$x = A_1\cos(\omega t + \varphi_1)$$
$$y = A_2\cos(\omega t + \varphi_2)$$

合成后,可得质点的轨道为椭圆

$$\frac{x^2}{A_1^2} + \frac{y^2}{A_2^2} - 2\frac{xy}{A_1 A_2}\cos(\varphi_2 - \varphi_1) = \sin^2(\varphi_2 - \varphi_1)$$

若两分振动频率不同,两频率之比为简单的整数比且初相位差恒定时,则合成后的质点运动具有稳定、封闭的轨迹,称为李萨如图形,如图 3.4.2 所示.

【实验方法】

1. 如图 3.4.3 所示的是简谐振动合成仪,两个同方向的简谐振动合成前,观察两振动分别在记录纸上画出的直线,若重合构成一条或长或短的直线,则达到要求.

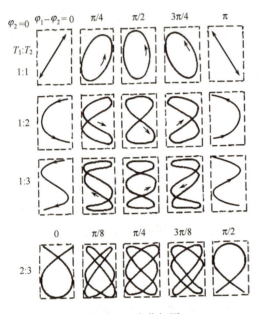

图 3.4.2　李萨如图

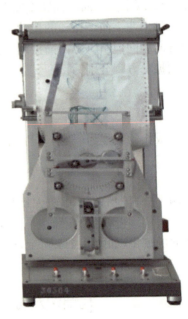

图 3.4.3　简谐振动合成仪

2. 两个相互垂直的简谐振动合成前,观察第一和第二振动分别在记录纸上划出的直线,若互相垂直,则达到要求.

3. 旋转第一和第二振动的定位螺丝(位于基板背面),转动长方形架,使第二振动与第一振动的方向一致.调节变速齿轮转速比为 1:1,使 $\omega_1 : \omega_2 = 1 : 1$,调节两旋转扁条的初始位置,确定两振动的位相差.同时接通"第一振动"和"第二振动"开关,然后接通"走纸"开关,在记录纸上可看到合振动曲线.

4. 同上步骤 3,调节变速齿轮转速比为 8:7,使 $\omega_1 : \omega_2 = 8 : 7$,接通"第一振动"和"第二振动"开关,然后接通"走纸"开关,在记录纸上可看到合振动的振幅将时而加强,时而减弱地作周期性变化,形成拍.

5. 旋转第一和第二振动的定位螺丝,使两个振动方向相互垂直,调节两振幅矢量的相位差和转速比,使两振动频率为简单的整数比,同时接通"第一振动"和"第二振动"开关,依次观察转速比为不同整数比时,描出的李萨如图形.并注意合成振动轨迹的运转方向.

【注意事项】

1. 仪器通电运行前,应调好画笔和装好纸张.

2. 仪器通电运行时,请勿阻止各部件的运动.

【探索思考】

1. 合成振动轨迹与两个振动的相位差有何关系,什么情况下合成振动轨迹是闭合的?

2. 若给定一个李萨如图形,你能从图形中得一些什么样的信息? 可否利用这些信息?

3.5　傅里叶振动合成

【实验内容】利用三个同方向机械简谐振动的正弦曲线合成为近似的方波曲线,表明周期信号的傅里叶合成与分解,并利用计算机采集处理和比较傅里叶合成与分解.

【实验原理】实验装置如图 3.5.1 所示.傅里叶振动合成仪有上下两个极板,下面有一个水槽,振子上带有导电的钢性细杆浸入两极板间的水中,做成上下移动的电极,通过上下往返的振子来实现机—电振动的转换.在水槽上下的极板上加电压为 $2U_0$,其中间与地线相连.两极板间距离为 d,当振子电极处在水槽的两极中间位置时,振子相对接地点电势为零.当振子离开中间位置为 h 时,振子的电极电势 $U = 2U_0 h/d$,自由电极振子电势与位移成正比.

图 3.5.1　傅里叶合成仪

把一定频率的电信号转换成计算机能够识别的数字信号,把采集到的信号实时的输入计算机中,另一方面用软件把采集到的信号通过计算机进行实时的分析,

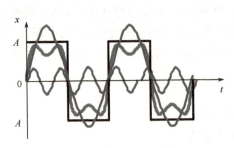

图 3.5.2　周期信号的合成与分解

可分析各个波形的振幅和频率. 另外, 还可通过存档、打印等手段分析各个波形, 如图 3.5.2 所示.

【实验方法】

1. 通过调节齿轮的齿数比可以调节振子的振动频率. 调节固定在齿轮上滑轴距轮中心的位置, 可以实现调节振子的上下振幅. 通过调节滑轴的初始位置, 可以调节振子振动的初相位.

2. 从快捷工具进入, 单击"设置", 设置为串口一, 单击"开始", 进行数据的实时采集与显示. 单击"演示", 可进入理论演示界面, 在对话框内输入 1 到 2000 内的数字, 它代表有多少个正弦波进行傅里叶合成, 在对话框内输入 3, 则是实验所进行的演示.

【注意事项】

1. 机械转盘容易卡壳, 工作时间不宜过长.

2. 单击"研究"进行实时分析时, 坐标线是临时的, 在屏幕刷新时会被一同去掉.

【探索思考】

1. 如何实现两个同方向同频率的简谐振动的位移-时间曲线的比较?

2. 如何实验两个相互垂直的频率之比为整数的简谐振动的合成李萨如图?

3.6　共振仪

【实验内容】了解固有频率和共振概念.

【实验原理】当外加强迫力的变化频率与振动物体的固有频率相同时, 振动最强, 即产生了共振.

【实验方法】如图 3.6.1 所示, 振动台上有三个不同固有频率的振动物体. 打开振动器电源, 先将电压调至最低, 调整频率对应于振动台上某一模型的固有频率, 加大电压, 模型开始振动, 而固有频率与振动器频率不同的模型不会振动.

图 3.6.1　共振仪

【注意事项】改变频率时先将电压调至最低.

【探索思考】振动物体的重量与实验有关吗?

3.7　共振片

【实验内容】长短不同的弹性刚片在周期性外力作用下作强迫振动, 当弹性片的固有频率与强迫外力频率相同时产生共振现象.

【实验原理】对于一个有阻尼的振动系统,如果没有能量的补充,振动最终会停下来.因此,为了获得稳定的振动,通常对系统加一个周期性的外力,称为策动力.在周期性策动力作用下的振动为受迫振动.理论计算表明,受迫振动在稳定后的振动频率与策动力的频率相同,系统的固有频率一般与系统的弹性系数和惯量有关.在惯量相同的情况下,弹性越大,固有频率越大;在弹性相同时,惯量越大,固有频率越小.所以,由同种材料做成的截面相同的弹簧片,越长的固有频率越小.

【实验方法】

1.将仪器放置在水平桌面上,如图 3.7.1 所示.按通电源,仔细调节电源电压,使电机转速逐渐增快,可观察到弹性刚片从长到短逐个振动.

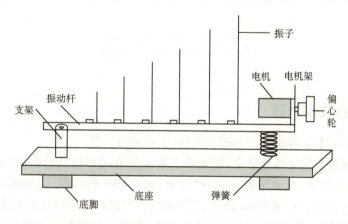

图 3.7.1　共振片

2.弹性刚片从长到短逐个振动的过程中,可观察到同一弹性刚片在不同频率时两个方向的振动情况,还可以发现一个方向上会出现两次振动并观察比较振动时的振幅.

3.调节到一定频率时(调节电压),在较长的刚片中可观察到驻波现象.

【趣味拓展】声音杀人

声音能杀人吗? 能.历史小说《三国演义》上就有过声音杀人的记载.东吴孙坚之子,小霸王孙策在和敌将交手时,大喝一声,敌将吓得坠马而亡.声音不是成了杀人的元凶吗? 不过这种声音使人致死的事件是极少的.而真正能使人死于非命的是自然界中听不到的声音——次声,它才是真正的杀人不见血的魔王,如图 3.7.2 所示.次声是一种耳听不见的声波,其频率低于 20 赫兹.

图 3.7.2　声音杀人

为什么次声能杀人呢? 原来人体内脏固有的振动频率和次声频率相似(0.01~20Hz).倘若外来的次声频率,与人体内脏的震动频率相同或接近时,就会引起人体内脏的共振,使人烦燥、耳鸣、头痛、失眠、心悸、视物模糊、吞咽困难、肝胃功能失调.严重时还使人四肢麻木,胸部有压迫感.特别是当人的腹腔、胸腔和颅腺的固有振动频率与外来次声频率一致时,就会引起人体内脏的共振,使人内脏振坏而丧命.

【注意事项】 因电机最大额定电压为 24V,切记调节输出电压时不要超过24V,以免损坏电机.

【探索思考】 大规模士兵集体齐步过桥为什么会导致桥垮塌?

二、波 动

3.8 纵波演示器

【实验内容】 了解纵波的形成及传播,了解波的反射.

【实验原理】 在弹性介质中,如果质点的振动方向和波的传播方向相互平行,这种波就叫做纵波,其外形特征具有"稀疏"和"稠密"的区域.纵波在介质中传播时,介质产生压缩或扩张变形,固体、液体和气体都能产生恢复这种形变的弹性力,因此,纵波在固体、液体和气体中都可以传播.纵波上相邻两个密部或疏部对应点之间的距离为一个波长,其波速与介质有关.

【实验方法】

1. 如图 3.8.1 所示,将水平弹簧的两端固定在立杆上,待其平衡,各弹簧圈疏密均匀.

图 3.8.1 纵波实验装置

2. 用手将弹簧的一端面,向着固定杆的方向拉开一段距离,释放后,可看到各弹簧圈在其平衡位置附近振动,在弹簧上传播着明显的疏密相间的纵波,同时还可看到波的反射现象.

【注意事项】激励振动源的时候不要用力过猛,避免弹簧纠结在一起.

【探索思考】锣鼓声是纵波吗?

3.9　音叉

【实验内容】了解音叉振动在空气中所形成的声波共振、形成拍或多普勒效应.

【实验原理】有两支频率相同的音叉,首先,一音叉振动,声振动在空气传播形成声波,该音叉在停振以前,通过空气振动,另一同频率音叉产生共振现象.

如果两个简谐振动的振动方向相同而频率不同,当两个分振动的频率都较大但其差很小时,它们的合振动振幅随时间变化且具有周期性,表现出振动时强时弱的现象,称为拍.敲击两个音叉振动后,声振动在空气中形成声波,两列声波叠加,声强(正比于振幅的平方)会出现拍的现象.

当波源、观测者或两者同时相对介质运动时,出现接收到的频率和波源的振动频率不同的现象称为多普勒效应.如果观测者与波源的运动是相互接近的,则观察者接收到的波的频率高于波源的振动频率;如果两者的运动是相互远离的,则观察者接收到的波的频率低于波源的振动频率.

【实验方法】如图 3.9.1 所示,将两个频率相同、带有共鸣箱的音叉箱口相对放置(两者相距一定距离),用橡胶锤敲击任一音叉振动,几秒后,用手握住这个音叉使之停振,可听到另一音叉的共鸣声.

图 3.9.1　音叉

在一音叉的一臂套上金属扣,它的振动频率有一微小改变,将两音叉平行放置,箱口对着观众,同时敲击两音叉振动,可听到明显的或强或弱的"嗡……嗡……"声,这就是拍现象.

右手持一发声音叉于身体右边,然后以很大的速度移动音叉至胸前,当音叉途经右耳时,听到声音频率增高,这就是多普勒效应.

【注意事项】

1. 用橡胶锤敲击音叉时不要用力过猛.

2. 演示拍时,应适当调整金属扣的上下位置,可产生最佳效果.

【趣味拓展】彩超

超声波的多普勒效应也可以用于医学的诊断,也就是我们平常说的彩超,如图 3.9.2所示.彩超,简单的说就是高清晰度的黑白 B 超再加上彩色多普勒. 当声

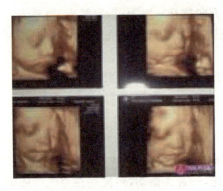

图 3.9.2　彩超图像

源与接收体(即探头和反射体)之间有相对运动时,回声的频率有所改变,此种频率的变化称之为频移,基于这种技术的诊断方法称为超声频移诊断法,即 D 超. D 超包括脉冲多普勒、连续多普勒和彩色多普勒血流图像.彩色多普勒超声一般是用自相关技术进行多普勒信号处理,把自相关技术获得的血流信号经彩色编码后实时地叠加在二维图像上,即形成彩色多普勒超声血流图像.由此可见,彩色多普勒超声(即彩超)既具有二维超声结构图像的优点,又同时提供了血流动力学的丰富信息,实际应用受到了广泛的重视和欢迎,在临床上被誉为"非创伤性血管造影".

【探索思考】

1. 公路检查站的雷达测速仪如何测量来往汽车的速度?

2. 如何利用电磁波的多普勒效应跟踪人造地球卫星?

3.10　波动合成仪

【实验内容】研究波的合成.

【实验原理】当两列波同时向某一区域传播时,介质中某点的振动应是两列波在该点引起振动的叠加.同方向、同频率、同相位或相位差为 2π 的两列波合成后加强,同方向、同频率、相位差为 $(2k+1)\pi$ 的两列波合成后减弱.

【实验方法】

1. 如图 3.10.1 所示,将调节轮短销钉先插入孔内,摇动手柄使长销钉转到 1 孔处,来回摇动手柄使长销钉插入 1 孔,转动手柄,可观察到同方向、同相位的两列波的合成.

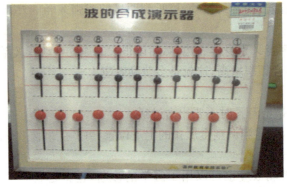

图 3.10.1　波动合成

2. 同 1 步骤,只是将长销钉插入 2 孔,便可观察到同方向、相位差为 π 的两列波的合成.

3. 后拉调节轮,短销钉离开孔,并少许转动外圈,短销钉错开孔位,使调节轮不弹回,可观察驻波.

【注意事项】

1. 在调节销钉的时候一定要注意齿轮的调节,不要将齿轮随意错位.

2. 在摇动摇手的时候不能用力太大,否则,相连的齿轮轴会出现脱落.

【探索思考】 齿轮的变换是如何实现波形变换的?

 3.11 水波干涉

【实验内容】 了解水波及其干涉和衍射.

【实验原理】 振动的传播形成波,在均匀各向同性介质中,波面形状保持不变. 水面上由于其表面张力可以形成水面横波. 几列波同时通过同一介质时,可保持各自原有特点,在它们的相遇区内各点的振动为各个波单独在该点产生的振动的合成,同振动方向、同频率、相位差恒定的两列波相遇会产生波的干涉现象,即有些地方振幅始终最大,有些地方振幅始终最小,各点振幅不随时间变化的稳定叠加图像. 图 3.11.1 为波的图像,有单波源和双波源的各种干涉衍射图.

图 3.11.1 水波衍射干涉图样

【实验方法】

1. 将水盘放在投影仪上,在水槽内注 3~8mm 深的清水,如图 3.11.2 所示.

2. 将任何一种振子固定在振源上,调节振源盒高度,使振子插入水面1~2mm.

3. 打开投影仪后面的电源开关,调整振源侧面的频率旋钮和调整其上面的幅度螺丝,使水面上呈现出水波.

4. 调整频闪光源的旋钮改变频闪频率,使水面波成像于屏上并清晰可见.

5. 各种振子的应用:单振子演示圆波;双振子演示双波源干涉;平片振子产生平面波,加之放

图 3.11.2 水波投影仪

入水中的挡板,可演示波的衍射和反射等.

【注意事项】

1. 各种形状的振子要牢固地安装在振源上.

2. 各种振子与水面要均匀接触;振源工作时勿用手触摸;更换振子时要将振动的幅度调至最小.

【探索思考】

1. 若将一单缝板放入水槽内,能否观察到水面波的衍射现象? 对缝的宽度有何要求?

2. 双波源连线上的干涉是否是驻波?

 3.12　竖驻波

【实验目的】 了解弹簧竖纵驻波的形成和特征.

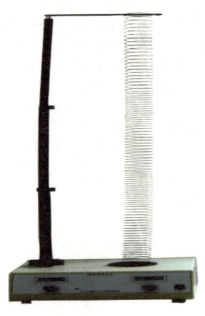

图 3.12.1　竖驻波

【实验原理】 如图 3.12.1 所示的是一根竖直悬挂的长弹簧. 在波源的驱使下,弹簧中产生纵波,纵波沿弹簧向上传播到达上面的固定端被反射回来,产生反射波. 如满足一定的频率条件(弹簧的长度须为半个波长的整数倍),反射波与入射波叠加形成驻波. 本实验观察到波节处弹簧环基本保持不动,波腹处沿弹簧环有最大的振幅. 因为相邻两波腹或波节间的距离为半波长. 只要测定两个相邻波腹或波节之间的距离,就可以确定其波长.

【实验方法】

1. 打开电源,适当增大电压(电压不宜太高)使弹簧发生振动.

2. 缓慢调节频率,直到弹簧上呈现明显的波腹和波节,即形成纵驻波;此时再适当增大电压,现象更为显著.

3. 缓慢改变频率,直到再次出现明显的波腹和波节,如果频率增高波长将变短,频率降低则波长变长.

4. 结束实验,将频率和电压调至最低,关闭电源.

【注意事项】

1. 请勿用手拉扯弹簧.

2. 开机前,先将电压调节旋钮逆时针减到最小,预防开机后电压过大而造成的弹簧振动过大.

　　3. 调节频率时,注意观察电压值,并配合调节,避免弹簧振动过大或过小而影响实验效果.

　　4. 注意电压每次调节一般不要超过 0.5V.

【探索思考】

　　1. 波速与弹簧的弹性系数有何关系?

　　2. 当缩短支架高度,将引起什么样的变化?

3.13　驻波共振

　　【实验内容】观察两个振动方向相同、振幅相等、频率相同而传播方向相反的弦线波在两端固定的弦线上叠加而形成的"驻波".

　　【实验原理】波源的振动从弦线的一端传到另一端,入射波在固定端反射,形成一列反射波.反射波和入射波的频率相同、振动方向相同、振幅相等,但传播方向相反.这两个相干波在弦线上叠加,形成驻波,如图

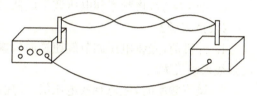

图 3.13.1　驻波形成示意图

3.13.1 所示.并不是所有波长的波在一定长度的弦线上传播时都能形成驻波.即对于具有一定长度且两端固定的弦线,当弦线长度 l 等于半波长的整数倍时,即满足条件

$$l = n\frac{\lambda}{2}, \quad n = 1,2,3,\cdots$$

时才会形成驻波.振幅最大处为波腹,振幅为零处为波节.两波节之间的各点有相同的振动相位,它们同时达到最大位移、同时通过平衡位置,而波节两侧各点的振动相位是相反的.

　　【实验方法】

　　1. 如图 3.13.2 所示,将弦线系在波源和固定端的两个柱子上,并将弦线拉紧使其展开.

图 3.13.2　驻波共振实验仪

2. 打开电源,适当增大电压(电压不宜太高)使弦线发生振动.

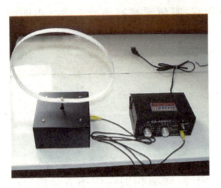

图 3.13.3　驻波共振演示仪

3. 调节频率,使弦线产生比较明显的驻波.

4. 打开频闪灯,调节频率,当灯的闪光频率和波的振动频率相等时,透过灯光观察驻波的瞬时波形.

5. 将条形松紧带换成环形弹片,如图 3.13.3再接通电源,调节频率旋钮和功率旋钮,从左端和右端传来的振动在弹片内叠加,当调节到圆周长等于半波长的整数倍时,则在圆环上形成 3 个或 5 个环形驻波.

6. 结束实验,将频率和电压调至最低,关闭电源.

【注意事项】

1. 开机前,先将电压调节旋钮逆时针减到最小,预防开机后电压过大而造成的弦线振动过大.

2. 调节频率时,注意观察电压值,并配合调节,避免弦线振动过大或过小而影响实验效果.

【探索思考】

1. 乐器二胡调音时,要旋动上部的旋杆,演奏时用手指压触弦线的不同部位,就能发出音调不同的各种声音,这都是什么缘故?

2. 如何测量弦线中的张力? 如何测量弦线的密度?

3.14　磁场致弦线振动

【实验内容】了解一种利用电磁法使弦振动的方法,观察频率、弦线长度及张力对驻波波形的影响.

【实验原理】导电弦线的一端固定在底座上,另一端通过滑轮与砝码连接,两端与振荡电源连接. 在弦线的正下方靠近弦线某处,放置一块永久磁铁,磁极沿与弦线垂直的方向. 由安培定则可知,当弦线通有电流时,弦线受力的方向沿弦线垂直方向,如图 3.14.1 所示. 由于磁极附近可看成匀强磁场,弦线非常靠近磁极,磁极附近的弦线可以近似看成处在匀强磁场中,安培力的大小为

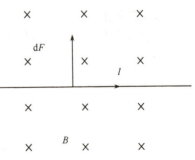

图 3.14.1　弦线振动受力示意图

$F=I\Delta lB$,在该力的作用下,弦线发生机械运动.若是交变电流,弦线受交变力的作

用,从而产生振动,在两端固定的整根弦线中形成横波,入射波与固定端的反射波叠加可形成驻波.

【实验方法】

1. 如图 3.14.2 所示,弦线的一端挂接一定量的砝码,接通电源,可以看到通有交变电流的弦线在磁场的作用下发生振动.

2. 适当调节频率调节旋钮,从显示器上读出所需频率.

图 3.14.2　弦线驻波

3. 移动磁铁的位置,可观察到驻波的形状发生变化.

4. 移动支撑弦线的两劈尖形滑块的位置,即改变弦线的长度,可观察到驻波波形的变化.

5. 对频率、弦线长度、砝码的质量以及磁铁的位置进行适当调节,可观察到弦线长度是半个波长整数倍的驻波波形.

【注意事项】金属弦线易断,使用时不宜用力过大.

【探索思考】了解电吉他的设计原理.通过该实验,观察弦线长度、磁铁位置、砝码质量以及振动频率在怎样的情况下驻波振幅最大?

3.15　昆特管

【实验内容】了解声驱动空气驻波的形成与特点.

图 3.15.1　昆特管

【实验原理】如图 3.15.1 所示的玻璃管名为昆特管.振源发出的声波(纵波)在昆特管的空气中传播,经反射端反射形成反射波.反射波与入射波叠加就会形成驻波.在驻波中,波节点附近的空气分子始终保持静止,波腹点附近的空气分子振幅为最大,其他各点以不同的振幅振动.根据伯努利方程,驻波的波腹处空气分子振动幅度大,速度也大,因此压强最小,煤油被吸起,形成浪花.相邻波腹或波节间的距离为半个波长.反射端由于半波损失,形成波节,波节到波腹的距离为 1/4 波长.

【实验方法】

1. 将信号源电压输出旋钮逆时针旋转,使电压调至最低,打开信号源;

2. 将信号频率调至某一参考值附近,调节电压输出使振动装置发出声音,再调节频率微调旋钮直至管内出现明显的片状浪花,即在管内形成了稳定的驻波(若

油花不够大可适当增大电压值);

3. 观察在不同频率下管内出现的相邻浪花的间距,特别注意:昆特管的反射端到第一个浪花的距离是其他浪花间距的一半;

4. 实验完毕,将频率调节旋钮和电压调节旋钮调回最小,关闭电源.

【注意事项】

1. 整个装置为玻璃制造,请勿用力挤压.

2. 每次改变频率之前先降低输出电压,调好频率后再增大电压,以免声音太大.

3. 仪器上标出的可形成驻波的频率是参考值,实验时要在该值附近进行调节.参考值大约在 71 Hz、180 Hz、280 Hz、360 Hz、420 Hz、533 Hz 左右.

【兴趣拓展】 声悬浮现象

声悬浮现象最早是 1886 年由 Kundt 发现的,后由 King、Gorkov 等人对其物理机理进行了比较全面的阐述.80 年代以来,随着航天技术的进步和空间资源的开发利用,声悬浮逐渐发展成为一项很有潜力的无容器处理技术.声悬浮是高声强条件下的一种非线性效应,其基本原理是利用声驻波与物体的相互作用产生竖直方向的悬浮力以克服物体的重量,同时产生水平方向的定位力将物体固定于声压波节处.

图 3.15.2   声悬浮

没有失重,鱼和蚂蚁却能飘浮在半空中,没有翅膀的鱼和蚂蚁竟然可以悠哉悠哉地飘浮在空中,这不是魔术表演的现场,也不是在模拟太空失重环境,而是可以发生实验室的真实一幕,科学家们并非故意在和这些小动物开玩笑,而是在进行声悬浮研究,如图 3.15.2 所示.

【探索思考】 每个房间,无论是音乐厅还是普通家庭的客厅,都存在驻波现象,它是引起低音重放问题的主要根源.驻波频率与房间的尺寸有无关系?为什么音乐厅和电影院都建设成扇形空间?墙壁和屋顶的吸音材料或及其不规则的造型有何作用?

3.16   声波波形

【实验内容】 用示波器显示由电子琴和麦克风送入的音频信号波形.

【实验原理】 频率在 20 Hz 到 20000 Hz 之间能引起人的听觉的机械波称为声波.声波是纵波,纵波形成时,介质的密度发生改变,有疏有密.表示这种关系的曲线称为这一时刻脉冲波的波形曲线,也称波形图.一般单一频率的简谐声音并不好听,也不能充分表达人们的情感.在单一频率的简谐声音(基波)上再加上频率较高的高次谐波,声音就显得优美动听.实际声波是许多简谐声波的合成,如电子琴发出的声波.示波器显示的是声波基波与其高次谐波的合成结果.用傅里叶分析方法可以分析某种声音中所包含的各种谐波的频率和振幅,从而实现电子合成各种乐器所发出的声音.这就是电子音乐合成的原理.

【实验方法】图 3.16.1 所示的是一台带示波器的电子琴.首先,接通示波器电源,打开开关调整好示波器的量程和扫描基线,用连接线将电子琴输出(在后侧)与示波器输入连接,打开电子琴电源开关,直接弹奏琴键或播放音乐,在示波器上就可以看到音乐信号的波形.然后,接通声波波形演示仪的电源,把麦克风插入对应插孔内,用另一连接线将演示仪与示波器输入连接,打开电源和麦克风,对着麦克风说话或唱歌的时候,在示波器上就可以看到语音信号波形,同时

图 3.16.1　声波波形实验仪

还可以听到声音.示波器为双踪,所以通过选择面板上的选择开关可以同时显示音乐信号和声音信号波形,也可以单独选择其中的一个.

【注意事项】敲击键盘不要太用力,检查示波器与电子琴的接口是否正确.

【探索思考】

1. 超声波和次声波有波形图吗?
2. 思考现代技术与声有关的应用.

3.17　声聚焦装置

【实验目的】研究抛物面声音的发射与聚焦接收.

【实验原理】图 3.17.1 为抛物反射面的截面示意图,F 为其焦点,MN 为抛物反射面的准线.A_1P_1 和 A_2P_2 任意传来的两列声波,它们的延长线和准线相交于 Q_1 和 Q_2 点,根据抛物面的性质,平行于轴的各声线到达焦点 F 的声程相等,平行于轴的声波必交于焦点 F.

图 3.17.2 所示,当某一声源放在左边抛物面的焦点 F_1 处,声波将被抛物反射面以平行于其轴线方向向右反射出去,此平行波射到右面反射面时,被反射的声波聚交于右边的焦点 F_2 处.

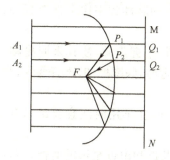

图 3.17.1　抛物面反射与聚焦

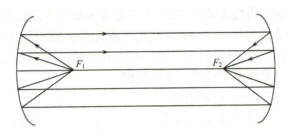

图 3.17.2 声聚焦原理

图 3.17.3 声聚焦演示仪

【实验方法】如图 3.17.3 所示. 两人分别站在两抛物反射面的焦点处,一人说悄悄话,另外一个可以清晰地听到对方的说话声.

【注意事项】实验时,两人要分别站在声聚焦演示仪的焦点位置.

【探索思考】利用抛物面聚焦可以听到远处的微弱声音吗？这种监听的方向性如何？（即其他方向的声音可否听到?）

3.18 多普勒效应

【实验内容】了解多普勒效应.

【实验原理】多普勒效应指出,波在波源移向观察者时接收频率变高,而在波源远离观察者时接收频率变低. 当观察者移动时也能得到同样的结论. 一个常见的例子是火车的汽笛声,当火车接近观察者时,其汽鸣声会比平常更刺耳(对应于更高的音频),你可以在火车经过时听出刺耳声的变化. 同样的情况还有警车的警报声和赛车的发动机声.

如果把声波视为有规律间隔发射的脉冲,可以想象:若你每走一步,便发射一个脉冲,那么在你之前的每一个脉冲都比你站立不动时更接近你自己. 而在你后面的声源则比原来不动时远了一步,或者说,在你之前的脉冲频率比平常变高,而在你之后的脉冲频率比平常变低了.

【实验方法】如图 3.18.1 所示的是一声源装置. 手握声源,使其来回晃动,耳朵能感觉到所接收到的声波的频率变化:当声源趋近时,频率增加,声音变尖;当声源离开时,频率降低.

【注意事项】多普勒效应所用演示仪采用干电池,在不用时注意要拿出电池,以免腐蚀仪器.

【探索思考】当你站在铁路道边发现火车由远及近和由近至远的时候,声音的频率如何变化？

图 3.18.1 多普勒效应演示仪

 3.19 鱼洗

【实验内容】了解鱼洗的共振与自激发振荡.

【实验原理】如图 3.19.1 所示的是一种古代青铜器皿——鱼洗. 如今它可以用来演示共振现象. 实验时,用手摩擦"洗耳","洗"会随着摩擦而产生振动. 当摩擦力引起的振动频率和"洗"壁的固有频率相等或接近时,"洗"壁产生共振,振动幅度急剧增大. 但由于"洗"底的限制,使它所产生的波不能向外传播,于是在"洗"壁上入射波与反射波相互叠加而形成驻波. 驻波中振幅最大的点称波腹,最小的点称波节. 一个圆盆形的物体,发生低频共振形态是由四个波腹和四个波节组

图 3.19.1 鱼洗

成,也会产生六个和八个波腹、波节,但通常用手摩擦最容易产生一个数值较低的共振频率,也就是由四个波腹和四个波节组成的振动形态,"洗"上振幅最大处会立即激荡水面,将附近的水激出而形成水花. 当四个波腹同时作用时,就会出现水花四溅.

【实验方法】往鱼洗中倒入清水,水深达到盆深的 2/3;双手连续摩擦盆两边的"洗耳",感觉到"洗耳"在手下振动,有"嗡嗡"声发出;当"洗耳"的振动频率达到一定数值和振幅达到一定大小时,可以看到有几十厘米的水花喷出.

【注意事项】

1. 盆一定要放稳,尽量保持水平.

2. 将双手和"洗耳"上的油污洗干净,以便增大手与"洗耳"之间的摩擦力.

3. 双手要保持同步摩擦,速度不宜过快,用力不宜过大.

【探索思考】

1. 手在"洗耳"上摩擦所产生的振动频率与手运动快慢的关系如何? 为什么

有时摩擦越快越不能产生浪花效果？实验过程中,手对"洗耳"的正压力是否重要？"洗"盆中的花纹有何作用？"鱼洗"中的"鱼"字有何含义？

2."驻波"现象表现在轮胎上就是当车速提高到某一临界值后(大约80～100千米/时),轮胎因车速过快产生共振导致其表面变形并来不及恢复原状而形成的一种现象.如何预防和应对高速行车爆胎事故？

3.20　看得见的"声波"

图 3.20.1　声波可见

【实验内容】观察"声波"波形.

【实验原理】通过将吉它弦的振动转化为可视的波以观察"声音"的波形.转动转轮,再拨弹吉它,改变光带移动的速率,当二者一致时,就能清晰地看到琴弦振动的波形,这个波形跟它所发出的声波相对应.

【实验方法】转动轮圈,拨动琴弦,观察"声波"的形状,如图 3.20.1 所示.

【注意事项】不要用力过重,以免扯断弦线.

【探索思考】转轮的速度会影响看到的"声波"的形状吗？

3.21　声速测定仪

【实验内容】学习测量声速的方法,了解超声波的发射和接收.

【实验原理】若固定频率,通过波长 λ 测量,即可求声速,本实验采用压电陶瓷超声换能器来实现声波和交流电压间的转换.当电信号的频率与换能器的固有振动频率相等时,其输出能量最大.

【实验方法】

1. 驻波法:如图 3.21.1 所示,使发射换能器和接收换能器的两个端面平行;调节信号源和示波器处于正常的工作状态;调整信号源工作频率,保证换能器处于谐振状态;移动接收器,观察示波器显示的正弦波振幅变化,用游标尺读出振幅极大值接收器所在位置.不断移动接收器,连续读出 10 个相邻的波节位置;记录室温及信号源频率.

2. 相位法:将发射换能器的输入信号接到示波器的通道2;示波器的"触发源"拨至 CH2;将"时基因数"拨至 X-Y;接收换能器移动到示波器屏上出现直线的位置,以便于观测;连续移动接收器,每当显示直线图像时记录接收器的位置,总共读取 10 组数据;再记录信号源频率及室温.

图 3.21.1　声速测定仪

3. 双踪法：发射端信号接"CH1"，接收端信号接"CH2，垂直方式（Y MOOD）中的开关拨至 DUAL，示波器处于两个通道信号的双踪显示状态；旋转"时基因数"旋钮，可同时看到两个波形．移动接收器，两个波形在水平方向发生相对移动，当两个波形的峰和峰对齐时，说明相位差是 2π 的整数倍；连续移动接收器，记录峰与峰对齐时的 10 组数据，并记录频率．

【注意事项】示波器调整要遵守操作规程．

【兴趣拓展】声呐技术

声波是观察和测量的重要手段．有趣的是，英文"sound"一词作为名词是"声呐"的意思，作为动词就有"探测"的意思，可见声与探测关系之紧密．

声呐工作原理如图 3.21.2 所示，在水中进行观察和测量，具有得天独厚条件的只有声波．这是由于其他探测手段的作用距离都很短，光在水中的穿透能力很有限，即使在最清澈的海水中，人们也只能看到十几米到几十米内的物体．电磁波在水中也衰减太快，而且波长越短，损失越大，即使采用大功率的低频电磁波，也只能传播几十米．然而，声波在水中传播的衰减就小得多，在深海声道中爆炸一个几公斤的炸弹，在两万公里外还可以收到信号，低频的声波还可以穿透海底几千米的地层，并且得到地层中的信息．

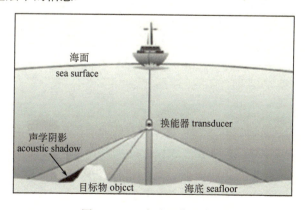

图 3.21.2　声呐工作示意图

　　声呐按工作方式可分为主动声呐和被动声呐.主动声呐技术是指声呐主动发射声波"照射"目标,而后接收水中目标反射的回波以测定目标的参数.大多数采用脉冲方式,也有采用连续波方式的.它主动地发射超声波,然后收测回波进行计算,这类声呐适用于探测冰山、暗礁、沉船、海深、鱼群、水雷和关闭了发动机的潜艇;被动声呐技术是指声呐被动接收舰船等水中目标产生的辐射噪声和水声设备发射的信号,以测定目标的方位.它收听目标发出的噪声,判断出目标的位置和某些特性,特别适用于不能发声暴露自己而又要探测敌舰活动的潜艇.

　　【探索思考】深水探测潜水器是如何与地面保持畅通联系的?

第4章

电 磁 学

一、电 场

4.1 电场线

【实验内容】用模拟法演示点电荷、电偶极子、平行带电平板的电场线分布情况.

【实验原理】电荷在空间激发电场.假想电场中有这样一些线,线的切线方向表示该点电场强度的方向,疏密正比于电场强度的大小,这样的线称为电场线.因此,电场线的分布状况可以用来形象地描绘电场.

【实验方法】

1. 点电荷的电场线:如图 4.1.1 所示,将金属用导线与高压电源一极相连,当高压输出时,附在金属球上的锡铂纸由于同性电荷相互排斥而展开成辐射状.

2. 电偶极子的电场线:将两金属球分别接高压电源正、负输出端,当有高压输出时两球周围的锡铂纸相互吸引.若将两球接电源同一极,则锡铂纸的空间分布相互排斥.

3. 平行带电平板的电场线:将两平行平板分别与电源正、负高压输出端连接,有高压输出时,锡铂纸沿垂直板的方向伸展.

图 4.1.1 电场线演示

【注意事项】

1. 电压高达几万伏,禁止用手直接接触带电装置.

2. 实验完毕,必须先关电源,再中和电荷,最后取下电极接线.

【探索思考】锡箔纸的形状是否与电场线的形状一致?

4.2　电风轮、电风吹烛焰

【实验内容】通过风轮的转动和烛焰的偏斜演示尖端放电现象.

【实验原理】导体表面的电荷密度与导体的表面形状有关,凹的部位电荷密度接近零,平缓的部位电荷密度小,尖锐的部位电荷密度大.由于导体表面附近的电场强度与电荷面密度成正比,所以当电荷密度达到一定的值后,电荷产生的电场强度很大,以致于把空气击穿(电离),空气中与导体所带电荷相反的离子会与导体的电荷中和,出现放电火花,并能听到放电声.如高压线有轮廓的地方,就会出现尖端放电,它一边放电,一边不停的提供放电需要的电荷,这种放电会持续下去,形成持续的"电风".

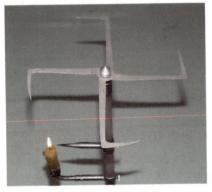

图 4.2.1　电风轮演示

【实验方法】如图 4.2.1 所示,将高压电源的一个电极与风轮下的小圆环相连接,接通电源,金属风轮将沿着尖端的相反方向转动.如果把电压调至 3 万伏以上,将正负两个电极同时接到两个金属柱,烛焰被尖端处产生的电风吹得偏向一方,再继续增大电压,烛焰会被吹灭.

【注意事项】电压高达几万伏,禁止用手直接接触带电装置,必须先关电源,再中和电荷,最后取下导线.

【探索思考】尖端放电,使风轮受到一个合力矩作用而转动,试说明该力矩是怎样产生的.

4.3　电风转筒

【实验内容】通过胶质轻筒在电场中的转动演示尖端放电.

【实验原理】尖端放电的原理与实验电吹风轮完全一样."电风"的切向力形成一个转动力矩使圆筒发生转动.如果两排尖端正对圆筒中心摆放,"电风"对转筒的推力相互抵消,转动力矩为零,圆筒保持静止状态.如果相互错开一定距离,转动力矩不为零,圆筒开始转动,并将越转越快.

【实验方法】

1. 如图 4.3.1 所示,调节放电排针与转筒保持相切并靠近(不接触).

图 4.3.1　电风转筒演示

2. 将两放电排针分别接高压正、负输出端.

3. 接通高压电源,由于针尖放电吹出电风,从而推动转筒快速旋转,外电压越高,转速越快.

【注意事项】电压高达几万伏,禁止用手直接接触带电装置,必须先关电源,再中和电荷,最后取下电导线.

【探索思考】放电排针的位置对转筒的转动有什么影响.

4.4 避雷针

【实验内容】用模拟法演示避雷针原理.

【实验原理】避雷针(又名防雷针)是用来保护建筑物等避免遭受雷击的装置.在高大建筑物顶端安装一根金属棒,用导线将其与埋在地下的一块金属板连接起来,利用金属棒的尖端放电,使云层所带的电荷和地球上的电荷逐渐中和,从而达到建筑物免于雷击的目的.

在雷雨天气,高楼上空出现带电云层时,避雷针和高楼顶部都被感应出大量电荷,由于避雷针顶端是尖的,总是聚集了很多的电荷.当云层上电荷较多时,避雷针与云层之间的空气就很容易被击穿,带电云层与避雷针之间形成通路,而避雷针又是接地的,避雷针就可以把云层上的电荷导入大地,从而保证了高层建筑的安全.

【实验方法】

1. 如图 4.4.1 所示,调节针尖端与金属球等高(用球模拟建筑物,尖针模拟避雷针).

2. 将正、负高压输出端分别连接上下金属板.

3. 接通电源,尖端放电,产生火花,避免了球与上铝板的放电.

4. 使针尖端低于球的高度,接通电源,则看到金属球与上金属板放电.

图 4.4.1 避雷针演示仪

【注意事项】电压高达几万伏,禁止用手直接接触带电装置,必须先关电源,再中和电荷,最后取下电源连接线.

【兴趣拓展】雷电种类

了解一些雷电的知识对防雷是大有好处的.雷电一般可分为以下几种:

直击雷:直击雷是云层与地面凸出物之间的放电形成的.直击雷一般产生数十万至数百万伏的冲击电压,会毁坏发电机、电力变压器等电气设备绝缘材料,烧断电线或劈裂电杆造成大规模停电,绝缘层损坏可能引起电路短路导致火灾或爆炸事故.

球形雷:球形雷状如球形,犹如发红光或极亮白光的火球,运动速度为每秒数米,球形雷能从门、窗、烟囱等通道侵入室内.

感应雷:雷电感应分为静电感应和电磁感应两种.静电感应是由于雷云接近地面,在地面凸出物顶部感应出大量异性电荷所致.在雷云与其他部位放电后,凸出物顶部的电荷失去束缚,以雷电波的形式,沿突出物极快地传播.电磁感应是由于雷击后,巨大雷电流在周围空间产生迅速变化的强大磁场所致.

雷电冲击波:雷电冲击波是由于雷击而在架空线路上或空中金属管道上产生的冲击电压沿线或管道而迅速传播的雷电波.

【探索思考】在雷雨天气打手机,会增加被雷击的可能性吗?

4.5　静电跳球

【实验内容】观察电荷的相互作用及静电感应现象.

【实验原理】两电极带异性电荷,中间的小球处于偏离中心位置,当电压达到一定值时,小球与距离较近的一极感应异号电荷,从而产生吸引,当小球碰到电极板后,带上与极板相同的电荷产生排斥力,将小球推至另一极板,循环往复.

【实验方法】

1. 如图 4.5.1 所示,将两圆形平面板平行相向放置,分别连接上高压电源的正、负高压输出端.

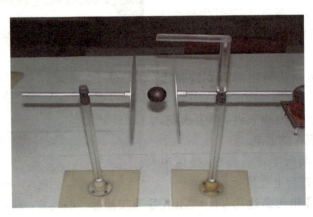

图 4.5.1　静电跳球实验

2. 接通电源,乒乓球在圆形平板间作往返运动,敲击两板,并发出响声.

3. 将一板接高压输出端正极,另一板接地,重复实验,出现与上述相同现象.

【注意事项】电压高达几万伏,禁止用手直接接触带电装置,必须先关电源,再中和电荷,最后取下电源连线.

【探索思考】如果将小球换成平板会产生相同现象吗?

4.6 静电除尘

【实验内容】演示静电场的消除烟尘作用.

【实验原理】如图4.6.1所示,除尘器中的两个电极接上静电起电机后,在两极间发生电晕放电,使除尘器中的烟雾微粒带电,则带正负电的微粒分别趋向两极,与电极上的异号电荷中和后就落在除尘器底部,达到除尘目的.

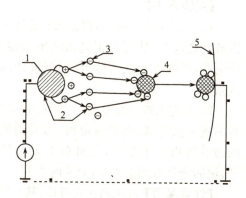

1. 电晕线; 2. 电子; 3. 离子; 4. 尘粒; 5. 阳极板

图4.6.1 除尘工作原理

图4.6.2 静电除尘装置

【实验方法】

1. 如图4.6.2所示,在塑料圆筒上绕有多匝铜丝,其轴是金属柱,点燃发烟物使筒内充满烟尘.

2. 将静电起电机或者直流高压电源两端分别接至除尘器的中心金属柱及外绕的铜丝上(中柱接负,外圈接正),通电后,即可看到筒中的烟被清除.

【注意事项】起电机每次使用后或要调整带电系统时,都要将放电球做多次短路,使其充分放电,以防发生触电事故.如用直流高压电源则应严格按仪器操作规程操作.

【探索思考】

1. 为什么一般高压电源采用正极接地,而让负极带上高压?

2. 还有什么方法可达到除尘的目的?

 4.7 法拉第笼

【实验内容】观察静电屏蔽现象.

【实验原理】如果将导体放在电场强度为 $E_外$ 的外电场中,导体内的自由电子在电场力的作用下,会逆电场方向运动,导体的负电荷分布在一边,正电荷分布在另一边,这些电荷会产生内电场 $E_{内}$. 根据场强叠加原理,导体内的电场强度等于 $E_{外}$ 和 $E_{内}$ 的叠加.当导体内部总电场强度为零时,导体内的自由电子不再移动,导体处于静电平衡状态.由此可推知,处于静电平衡状态的导体,电荷只分布在导体的外表面上.如果这个导体是中空的,当它达到静电平衡时,内部也将没有电场,这样,导体的外壳就会对它的内部起到"保护"作用,使它的内部不受外部电场的影响,这种现象称为静电屏蔽.

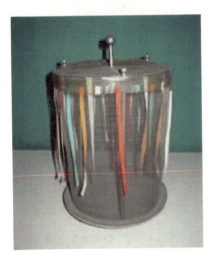

图 4.7.1 静电屏蔽演示

【实验方法】

1. 如图 4.7.1 所示,将金属丝笼置于有机玻璃底板上,然后与正高压输出端相连.带电后,罩内侧丝线不张开,而罩外侧的丝线张开.

2. 在笼内置一验电器(与笼绝缘),在笼外另置一验电器.当笼带电时,可看到笼内的验电器指针不张开,笼外验电器指针张开,说明笼外电场不为零,而笼内为零.

【注意事项】电压高达几万伏,禁止用手直接接触带电装置,必须先关电源,再中和电荷,最后取下电极接线.

【探索思考】把收音机放入笼内,声音会有何变化?

4.8 静电植绒

【实验内容】了解静电植绒的基本原理.

【实验原理】当静电植绒演示仪上下两极金属板各带有正、负电荷时,两极板间存在方向向下的匀强电场.由于此时绒丝带有与下板同号的电荷,其受力方向向上,绒丝在此力的作用下跃向上极板.一旦绒丝与上极板接触后而位置又处于用黏合剂画好的图案上,也就粘贴在上极板上了.

【实验方法】如图 4.8.1 所示,绒丝和一个电极接触后即带上与该电极同号的电荷.将一张白纸上用胶水涂上某种图案,然后接到电源的一极上,绒丝接到电源的另一极上.通电后观察到绒丝在电场作用下向涂有胶水的白纸运动,因而可得到自己想要的图案.

【注意事项】电压高达几万伏,禁止用手直接接触带电装置,必须先关电源,再中和电荷,最后取下电极接线.

【探索思考】能否找到现实生活中其他的静电应用实例?

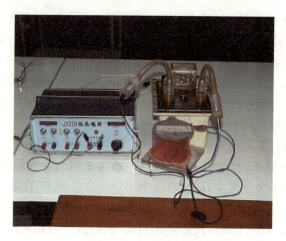

图 4.8.1　静电植绒

4.9　维氏起电机

【实验内容】了解并使用维氏起电机,利用维氏起电机进行静电实验操作.

【实验原理】如图 4.9.1 所示,维氏起电器的旋转盘由两块不接触的圆形有机玻璃叠在一起组成,每块表面上都贴有以圆心为中心向外对称分布的铝片.依靠皮带与驱动轮相连,转动驱动轮时两盘转向相反.两盘上各有一过圆心的固定电刷,电刷两端的铜丝与铝片密切接触,这样在盘旋转时铜丝铝片可以摩擦起电.起电器还有不与两盘接触的悬空电刷,悬空电刷由金属杆与莱顿瓶相连,这样悬空电刷上所集电荷可以储存在莱顿瓶中.放电小球也通过一金属杆与莱顿瓶盖相接,此杆不与集电叉接触,也不与莱顿瓶中锡箔筒相连,但可推知放电小球会被感应出和与其相连的莱顿瓶内筒同电性的电荷.由于感应起电

图 4.9.1　维氏起电机

机在左右各有一莱顿瓶,若两莱顿瓶集聚不同种电荷,则两放电小球上就会被感应出不同种电荷,当两小球靠近时就会因放电而产生电火花.需要说明的是,莱顿瓶仅是储电设备,与小球是否放电无关,因为既使将其拆除,转动圆盘时两小球照常放电,只不过电火花很弱,但其频率更高.

【实验方法】感应起电机在使用时,首先要调整电刷成束状,并使其顺着起电盘旋转的方向保持良好的接触.两电刷的夹角等于或小于 90°(但不得小于 60°)每个电刷与圆盘的水平直径成 45°角(可小于 45°,但不得小于 30°).起电机手柄顺时针摇动才能起电.保持摇动速度大约为 2 转/秒.停转时,也不要突然停止,可松开手柄让起电盘自行停止.当把起电机的高压外接使用时,一定要把两个放电球的间距移到正常放电距离以上,不能使它产生火花放电.

【注意事项】

1. 在潮湿环境里,起电机常常不易起电.这说明起电机能否正常工作是与空气中的水蒸汽分子含量多少有关.空气中水分子含量增多,直接导致起电机各部件绝缘性能的下降,特别是与大地的绝缘性能变差,破坏了正常的起电过程.这时,可采用烘烤、照晒等办法来消除仪器表面的水汽(但温度不要超过 40℃,以防有机玻璃板变形),还可以用带电体给导电膜带电,以激发感应起电.

2. 起电机每次用完后或要调整带电系统时,都要将放电球做多次短路,使其充分放电,以防发生触电.

【探索思考】在实验中往往需要分清起电机的正负极性,检验电荷符号的方法很多,如何利用起电机本身采用火花放电法检验正负极性.

4.10 范氏起电机

【实验内容】了解利用范氏起电机产生电荷的原理及其应用.

【实验原理】范德格拉夫起电机结构如图 4.10.1 所示.利用导体的静电特性和尖端现象,尤其是导体内部没有净电荷,电荷只能分布在导体的表面上.范德格拉夫静电起电机由 5～10 万伏的高压直流电源通过放电针尖端放电把电荷转移给传送带(由橡胶或丝织物制成),由电动机拖动传送带,传送带把电荷传送到金属球内部后,由金属球内部的集电针收集电荷输送到金属球的外表面上.

【实验方法】如图 4.10.2 所示,起电机上端安装了一个导体球,导体球安装在两个绝缘的有机玻璃柱上.静电是由橡胶皮带和两个滚轮输送的,它们分别是由聚乙烯(PE)和有机玻璃(PMMA)制造.开启电源后,皮带不停地旋转,电荷经皮带传送到金属球表面,再将另一个金属球靠近主球,会发出强烈的电火花.

【注意事项】

1. 使用范德格拉夫起电机的时候会产生电磁干扰信号.起电机处于工作状态时,不要随意触摸金属球,以免因自身与地没有绝缘,造成对身体的损害.

2. 本装置有静电高压,特别要注意不能用手直接触摸金属表面,以免受伤.

【探索思考】范德格拉夫起电机的起电原理就是利用尖端放电使起电机起电,这个原理在现代科学技术中得到了哪些应用?

图 4.10.1 范氏起电机

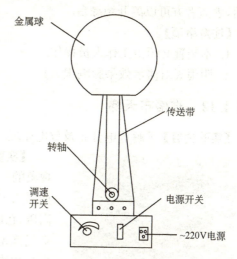

金属球

传送带

转轴

调速开关

电源开关

~220V电源

图 4.10.2 范氏起电机结构图

4.11 怒发冲冠

【实验内容】通过表演者处于高电势状态下出现的"怒发冲冠"的奇妙景象,了解静电场的有关知识,体验人体处于高电势时的状态.

【实验原理】电机带动电荷输送带向上运动,将电荷送入球内.球壳内的电梳将电荷收集起来传到球壳上,利用绝缘导体静电平衡的特点,电荷分布在球壳外表面.随着电荷的积累,使球壳的电势逐渐升高到20～30万伏.观众站在绝缘能力达50万伏的绝缘台上,将手放在球壳上,使其电势与球壳同时升高,由于头发具有微弱的导电性,一部分电荷传到头发上,在静电斥力的作用下,头发会竖立起来.

【实验方法】

1. 打开操作台的"烘干开关",烘干20分钟.

2. 手持连接接地电缆的绝缘棒,让绝缘棒上的金属球与演示用的大金属球体短路.

3. 表演者站在绝缘台上,一只手掌扶在球体上,面向观众.

4. 启动高压电源,观察其头发竖立现象,如图4.11.1所示.

图 4.11.1 学生演示怒发冲冠

5. 实验完毕后,表演者的手不要离开大金属球体,工作人员关闭高压电源,用手持连接接地电缆的绝缘棒,让绝缘棒上的金属球与演示用的大金属球体短路放电后,表演者方可以离开绝缘台.

【注意事项】

1. 本装置必须由工作人员操作.

2. 阴雨天对演示效果影响很大!

 4.12   雅格布天梯

【实验内容】了解静电分布及放电原理.

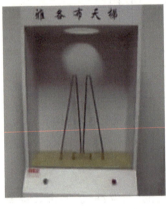

图 4.12.1   雅格布天梯

【实验原理】雅格布天梯是演示高压放电现象的一种装置,两个电极间的距离上宽下窄,如图 4.12.1 所示.由于电极间具有 2~5 万伏高压,在电极相距最近的底部,由于场强较大,空气首先被击穿,产生大量的正负离子,同时产生光和热,即电弧放电.离子存在的空间电极较容易击穿,由于离子随热空气上升,使得电弧持续上升,直到电极提供的能量不足以补充声、光、热等能量损耗时为止.此时高压再次将电极底部的空气击穿,发生第二轮电弧放电,如此周而复始,形成"电弧爬梯"的现象.

【实验方法】打开电源开关,按动触发按钮,观察电弧上爬现象.装置有自动延迟功能,工作一段时间后便自动断电.再次按动触发按钮即可再次观察现象.

【注意事项】

1. 千万要做好安全防护,将仪器封闭,尤其是在工作时不能让人触及仪器.

2. 仪器工作的时间不能过长,一般不超过 3 分钟.

【探索思考】

1. 两电极的夹角对电弧上爬高度有何影响?

2. 如果将"天梯"倒置,电弧会不会下降?

4.13   辉光球和辉光盘

【实验内容】高压电离使辉光球或辉光盘内发出弧光,形成多束美丽的电子火花.

【实验原理】图 4.13.1 所示是辉光放电的一种表现形式.玻璃球或辉光盘内充有两种以上稀薄的惰性气体,在高压电场的激发下惰性气体便会发出光来.由于高压电场对大地的电容基本是均匀的,当人体靠近时,改变了电容的分布,也就改变了电场的分布,于是发光的方向也改变了.

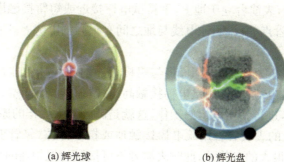

(a) 辉光球　　　　　　　(b) 辉光盘

图 4.13.1　辉光放电效果图

【实验方法】接通电源,便会看到气体放电现象.用手触摸球体或盘体时,明亮的弧光可跟随移动.

【注意事项】严禁撞击和碰坏玻璃球,避免用很烫的手接触球体.

【探索思考】

1. 你知道五光十色霓虹灯的工作原理吗?

2. 辉光盘的工作原理与辉光球有何异同?

4.14　高压带电操作

【实验内容】表演高压作业并理解其原理.

【实验原理】高压电通常会带给人们恐惧感,但真正对人体伤害的不是人体电势的高低,而是人体所承受的电势差.本实验使人体带数万伏的电势,而无电势差,因而是安全的,这便是高压输电工程中的高压带电操作.

【实验方法】

1. 如图 4.14.1 所示,将高压铁塔模型上的输电线与静电高压电源相接.

图 4.14.1　高压带电作业

2. 开动起电机,表演者立于地上,手持试电棒接近或短暂接触塔上铜线,可见验电棒中的一些氖管点亮,说明输电线与地之间有很高的电势差,因而此时人不可以直接接触输电线.

3. 表演者站在绝缘凳的铝板上,将与铝板相连的导线挂钩挂在高压线上. 于是,表演者与高压线电势相同,用试电棒接触高压线,棒中氖管不亮. 这时表演者可以随意接触输电线,进行不停电检修操作,这就是高压带电操作的原理.

4. 在绝缘凳上的表演者若用验电棒接触地或接地导体,氖管就会点亮,说明表演者与地之间有很大的电势差,此时表演者不可接触与地相连的导体.

5. 表演完毕后,注意切不可以从椅子上直接下来,必须先将铝板上的导线挂钩从高压线上拿下然后才能从凳上走下来.

【注意事项】

1. 表演高压带电作业,必须同时有两人在场,如发生不正常现象,应立即切断电源,表演者应冷静沉着,切忌粗心大意.

2. 实验过程中,他人不得触及表演者. 表演完毕,放电后表演者才能离开绝缘台.

3. 人站好握紧导线才可通电,演示过程中手不能时而放松时而握紧.

【探索思考】本实验操作者穿高压绝缘鞋还是赤脚好?

4.15   电介质极化

【实验内容】了解电偶极子在电场中定向排列,说明电介质取向极化的微观机理.

【实验原理】在火柴棒的两端涂上石蜡,置于静电场中,由于石蜡发生极化,使火柴棒两端带上等量异号电荷,形成电偶极子.均匀静电场对于偶极子所作用的合力为零,故偶极子不会平动.但外电场对偶极子有力矩作用,这一力矩使偶极子发生转动,使偶极矩趋于与外电场方向一致. 本实验模拟有极分子介质在外电场作用下发生取向极化的现象.

【实验方法】

1. 如图 4.15.1 所示,两极板与静电起电机两极相连,通电后可看到:取向混乱状态的电偶极子立即变为有序排列.

2. 放电后,模拟电偶极子又恢复原来的混乱状态.

【注意事项】起电机每次用完后或要调整带电系统时,都要将放电球做多次短路,使其

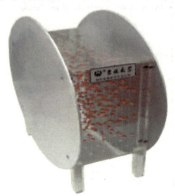

图 4.15.1   取向极化

充分放电,以防发生触电.

【探索思考】

1. 火柴杆两端是石蜡小圆球,它在电场中两端为什么出现异号电荷而形成电偶极子?

2. 能否证明电偶极子在均匀电场中所受力矩的方向总是使电偶极子转向电场?

 4.16 绝缘体变为导体

【实验内容】观察绝缘体在高温下变为导体的过程.

【实验原理】导体中存在自由电子,而绝缘体中因原子核对核外电子的束缚较紧不存在自由电子,但在一定条件下(如高温、强场和强光等),绝缘体中的电子可以挣脱原子核的束缚而成为自由电子.绝缘体转化为导体实验说明了导体和绝缘体在一定条件下可以相互转化.

【实验方法】

1. 待烧玻璃电极的制作:

方法一:选取一小段玻璃棒,再取直径约 0.2mm 左右、长约 50cm 的漆包线两根,刮去漆包线两端约 5cm 长的绝缘层,绕在玻璃棒上并扎紧,所扎导线在玻璃棒上相距约为 2mm.刮去绝缘层部分作为导线与电路连结.

方法二:选取一小段内径为 0.5mm 的玻璃管,再取直径为 0.5mm 的漆包线两根,漆包线分别从玻璃棒两端插入,使两段相距 1mm 左右,然后用酒精灯给玻璃棒加热,使之融化,把两导线埋于管内,露在管外的铜线两端分别引出两根导线.

方法三:用废旧白炽灯泡,敲去玻璃泡,利用灯泡固定两个电极的玻璃灯芯作为待烧玻璃,配上一个灯头,从灯头两个接线柱上引出导线.

2. 如图 4.16.1 所示,实验时将电源插头插到电源插座上,把废灯泡灯头架在铁支架上(也可以直接用手拿),点燃酒精灯对玻璃灯心加热,约一分钟后,白炽灯发光,逐步变亮,当移去酒精灯,灯泡逐渐变暗最后熄灭.其余方法也可以依次实验.

【注意事项】

1. 实验后绝缘体温度很高,不要触摸以免烫伤.

2. 注意温度不宜太高,否则会将玻璃体烧化.

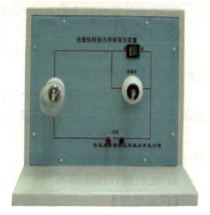

图 4.16.1 绝缘体变导体

4.17 电场描绘实验

【实验内容】 借助导电玻璃描绘出静电场的电势分布,验证由高斯定理导出的电势计算公式. 根据电场线与等势面垂直的性质,描绘出静电场中一系列的电场线.

【实验原理】 恒定电流和静电场满足相似的偏微分方程,只要电极的形状和大小、相对位置及边界条件一致,这两个场的分布应该是一样的,因此可以进行模拟实验.

我们知道,对恒定电流场中每一点来说,如果不存在外磁场,应满足欧姆定律的微分形式 $J = \sigma E$,其中 J 为电流密度,E 为电场强度,σ 为电导率,即 J 与 E 在方向上是一致的. 对于二维恒流场,J 仅仅是 X、Y 的函数,与时间无关. 在实验中将采用电桥平衡的方法来测量等势面分布,描绘静电场中一系列的等势面,根据电场线与等势面垂直的原则,就可以呈现出静电场的均强分布.

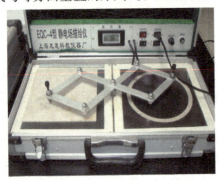

图 4.17.1 静电场描绘仪

【实验方法】 如图 4.17.1 所示的实验装置将模拟两线电荷产生的场. 若两平行带电导线的截面直径远小于两线之间的距离,则在离导线较远处的场和线电荷的场较接近. 设置于无限空间的两个平行无限长线电荷 A 和 B,它们的线电荷密度分别为 $+\lambda$ 和 $-\lambda$.

1. 作出 9 条两线电流场的等势线,标明每条等势线的电压值,其中 1V 和 9V 等势线要作出两个圆. 再根据电场线与等势线垂直正交的性质,描绘出两线电荷的电场线分布.

2. 在某条等势线上取 4 个点,验证凡是等势线上的点近似满足 $r_A/r_B =$ 常数.

【注意事项】

1. 移动探针时,务必使探针与导电纸紧密接触,但不能压得太紧,以免扎破导电纸,从而影响模拟场的分布.

2. 一个探针固定后,另一个探针应在等势线附近移动寻找等势点,否则明显偏离等势线时会产生过大的电流流经检流计,可能毁坏检流计.

3. 在测量过程中,要保持正负两极间电势差为恒定,否则实验点偏离等势线很远.

4. 在两探针接上检流计时,不能用多用表测某点的电势值.

【探索思考】

1. 如果电源电压改变,等势线、电场线的形状是否发生变化? 电场强度和电势分布会改变吗?

2. 电极与导电玻璃是否接触良好是本实验的关键. 若某处接触不好,可引起等势线怎样变化? 怎样检查导电玻璃与电极是否接触良好?

3. 试解释在有限大小导电玻璃上实验的等势线曲线为何不都是圆的.

4.18 手蓄电池

【实验内容】观察双手分别触摸铜板和铝板产生电流的现象.

【实验原理】两块金属板分别相当于电池的两个电极. 人手上有汗液,汗液是一种电介质,里面含有一定量的正负离子. 当手分别放在铝板和铜板上时,铝比铜活泼,铝板上汗液中的负离子发生化学反应,而把外层电子留在铝板上使铝板集聚了大量负电荷. 如果用导线把铝板和铜板连接起来,铝板上的电子将向铜板流动,于是串联在导线中的电流计上便有电流通过. 同样,把铝片和锌片插入硫酸溶液中,也会在电路中有电流,这就是我们常见的化学电池.

【实验方法】如图4.18.1所示,当你把双手分别放在两块金属板上,你会发现指针转动了,这说明电路里产生了电流. 两手越湿润,电流表指针偏转越大.

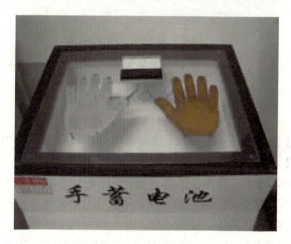

图4.18.1 手蓄电池

【注意事项】本实验所用检流计量程较低,不可直接将大电源串在两极之间,以免损坏检流计.

【探索思考】当两手分别触摸两块相同的铝板时,电流表指针是否偏转? 为什么? 这样的电池是否可以实际应用?

4.19 压电效应

【实验内容】观察压电晶体在压力作用下产生电势差的现象.

【实验原理】某些物质(如石英、钛酸钡、锆钛酸铅等)在受到压力作用时,不仅几何尺寸发生变化,而且由于内部极化表面上有电荷出现,形成电场;当压力消失时,材料重新回复到原来状态,这种现象称为压电效应.本实验中压电陶瓷片是由锆钛酸铅(PZT)材料做成的,它具有明显的压电效应,在10N压力作用下,两面能够产生数十毫伏的电势差.

【实验方法】如图4.19.1所示,将压电陶瓷联接线的接头插入演示仪的输入端,接通电源,如用手轻轻敲打压电片,可听到扬声器传出咔咔的声音,如将压电片粘在手表(最好是机械表)的玻璃表面上,可以从扬声器中听到手表的嘀嘀声.这是由于压电片在压力的作用下,其两端产生电压,经扩音机放大后从扬声器中传出,从而证明了压电陶瓷具有压电效应.

图4.19.1　压电效应演示仪

【注意事项】演示压电效应时,不要对压电体施以过大的外力.

【趣味拓展】压电传感器的发明

基于压电效应的传感器称为压电传感器.压电传感器中主要使用的压电材料包括有石英、酒石酸钾钠和磷酸二氢胺.其中石英(二氧化硅)是一种天然晶体,压电效应首先就是在这种晶体中被发现的.

压电传感器适用于测量动态的应力,它主要应用在加速度、压力和力等的测量中.压电式加速度传感器是一种常用的加速度计,它具有结构简单、体积小、重量轻、使用寿命长等特点.压电式加速度传感器在飞机、汽车、船舶、桥梁和建筑的振动和冲击测量中已经得到了广泛的应用.

压电式传感器也广泛应用在生物医学测量中,例如心室导管式微音器就是由压电传感器制成的,因为测量动态压力是如此普遍,所以压电传感器的应用就非常广泛.

【探索思考】压电传感器完成机电转换的原理是什么?利用逆压电效应原理可否制作扬声器或喇叭,以减小音频设备的体积,如收音机或MP3播放器等?

4.20 基尔霍夫定律

【实验内容】了解基尔霍夫第一定律和第二定律.

【实验原理】电场线起于正电荷、止于负电荷,在没有电荷存在的地方电场线是连续不间断的.基尔霍夫第一定律,也称节点电流定律,如果某个节点处无电荷积累,则围绕该节点的通量为零.静电场是个保守力场,电场力对电荷沿闭合回路一周做功为零.基尔霍夫第二定律,也称回路电压定律,由于沿某个回路一周电场力做功为零,即电势的增加与减小和为零.

【实验方法】

1. 基尔霍夫第一定律 $\sum I_i = 0$. 如图 4.20.1 所示,将 4.5V 直流电源正极的插头从面板后侧拔掉、在面板前面用短路线将 4.5V 短接.接通电源,这时三个电流表将有电流读数;若表头反偏,则用开关 K_1 换向.读出三个电流表的读数 I_1、I_2、I_3,将 I_1、I_2 相加,正好等于 I_3 的数值,即 $I_1 + I_2 = I_3$. 若流向节点的为负,流出节点的为正,则有

$$\sum I_i = I_1 + I_2 + I_3 = 0$$

若将 K_2、K_3、K_4 开关依次打到另一侧,即改变三个支路的电阻值,即可测得另一组数据 I_1、I_2、I_3. 每一组数据都表明节点 C 处电流满足 $\sum I_i = 0$(K_1 为红色换向开关,另外三个绿色开关自左至右分别为 K_2、K_3、K_4).

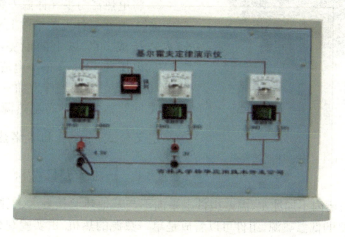

图 4.20.1 基尔霍夫定律演示仪

2. 基尔霍夫第二定律 $\sum I_i R_i = \sum \varepsilon_i$. (1) 将 4.5V 直流电源短路线拔掉,在面板后侧将 4.5V 直流电源正极的插头插上. (2) 开关 K_1 打向另一侧,打开电源开关. (3)以顺时针为正方向,对回路运用基尔霍夫第二定律和第一定律分别列方

程,则有

$$I_1R_1 + I_3R_3 = \varepsilon_1$$

$$I_1R_1 - I_2R_2 = \varepsilon_1 - \varepsilon_2$$

$$I_1 + I_2 + I_3 = 0$$

将 R_1、R_2、R_3 以及 ε_1、ε_2 各数值代入三式可解出各支路中电流 I_1、I_2、I_3 的数值. 将实测的三个回路中的电流读数读出与理论值比较.

【注意事项】注意流入与流出相对应的接线规则.

【探索思考】对于包含电容和电感的电路是否满足基尔霍夫定律?

4.21   半导体温差发电

【实验内容】了解半导体温差发电现象.

【实验原理】半导体材料与高温热源接触的部分不断从高温热源吸收热量,与低温热源接触的部分不断向低温热源放出热量,同时在回路中产生电流,电流对外做功. 如接入外电源,外界对系统做功,组件将从低温热源吸收热量,向高温热源放出热量,实现半导体致冷.

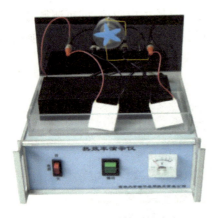

图 4.21.1   半导体温差发电

【实验方法】

1. 如图 4.21.1 所示,将液槽内加入冰水,作为低温热源.

2. 将电热器与半导体温差组件上平面紧密接触(在半导体温差组件上平面滴一两滴水),造成 50℃ 以上的温差,可以输出 1.5V 的电压和 400mA 的小电流,使小电机转动,也可以在温差组件上加一小烧杯,杯内加入 50℃ 热水提供高温热源. 根据热机效率定义公式:$\eta = \dfrac{A}{Q_1}$ 和卡诺热机效率公式:$\eta_c = 1 - \dfrac{T_2}{T_1}$,估算热机效率.

3. 如液槽内不加冰水,温差组件上平面不与其他热源接触. 大气既是高温热源,又是热机的低温热源,组件可以看成是单一热源的热机. 由实验观察到组件没有输入电流、电机不转、灯泡不亮,热机对外不做功,可见第二类永动机不能实现. 由此得出,不可能从单一热源吸取热量,使它完全变为有用功而不引起其他变化.

【注意事项】

1. 两片温差组件为同一型号,使用时正好是利用两个性质(给组件通电致冷;给组件提供温差,组件可以产生电能),所以组件在使用时一定要注意方向,两个组件型号相同,可以交换,但是用于通电致冷的组件无字的一面应与散热器接触,无字的一面为冷面,用于温差发电的组件应将有字的一面与散热接触,无字的表面朝上,与加热器接触.

2. 组件的两个接线端子,红的应接在红色插头上,黑的应接在黑色插头上.

【探索思考】探索一下半导体致冷的优缺点.

二、磁　场

4.22　司南

【实验内容】了解古代司南的原理.

【实验原理】把磁石打磨凿雕成一个勺形,放在青铜制成的光滑如镜的底盘上,再铸上方向性的刻纹. 这个磁勺在底盘上停止转动时,勺柄指的方向就是正南,勺口指的方向就是正北,这就是我国祖先发明的世界上最早的指示方向的仪器,叫做司南. 司南在地磁场中会有固定的取向,因为地磁南、北极与地理北、南极并不是重合的,存在一定的磁偏角. 当然北方绝大部分地区,司南均指向南边;在南极,所有方向都指向北.

【实验方法】如图4.22.1所示,把内有磁铁的勺子放置在水平的底座上,当它稳定后即可.

【注意事项】勺子易碎,使用时务必小心.

【探索思考】指南针是真正指向地球南北极吗?

图4.22.1　司南

4.23　奥斯特实验

【实验内容】观察载流导线附近小磁针发生偏转的现象,并定性地描述电流产生磁场的若干规律.

【实验原理】电流激发磁场是奥斯特首次发现的,载流导线可以在周围空间激发磁场,电流磁场与地磁场的合磁场决定小磁针的取向.

【实验方法】

1. 如图4.23.1所示,将装置上的金属架水平直导线沿南北方向放置,小磁铁放在直导线的下方(或上方),当金属架未通电流时,小磁针指向南北方向.

图 4.23.1　奥斯特实验

2. 将直流电源的正、负极分别与演示仪的电源正、负接线柱相接,调节电源输出,使通过导线的电流在 2 安培以下,可观察到小磁针的指向偏离南北方向一个角度.小磁针与直导线间的距离越大,偏离的角度越小.若小磁针与直导线间的相对位置不变,通过直导线的电流越大,则小磁针偏离的角度也越大.

3. 小磁针放在环的中心处,未通电时,磁针指向与线圈平面平行,线圈平面沿南北方向,通电后,观察小磁针指向.

【注意事项】金属回路中电流较大,通电时间要短.

【探索思考】试大致说明载流直导线和载流矩形金属框的磁场分别有何特点?

4.24　亥姆霍兹线圈

【实验内容】观察亥姆霍兹线圈中间磁场的均匀性,验证磁场叠加原理,掌握获得均匀磁场的实验方法.

【实验原理】亥姆霍兹线圈是一对间距等于半径的共轴圆形线圈,常用它来产生均匀磁场.将两个线圈通以同向电流时,叠加使磁场增强,并在一定区域形成近似均匀的磁场;通以反向电流时,则叠加使磁场减弱,以致出现磁场为零的区域.给霍尔元件通以恒定电流时,它在磁场中会产生霍尔电压,霍尔电压的高低与霍尔元件所在处的磁感应强度成正比,因而可以用霍尔元件测量磁场.本实验中电子屏显示的就是放大后霍尔电压的数值,它的变化规律与所在处磁场的变化规律一致.

【实验方法】

1. 如图 4.24.1 所示,接通电源,把显示屏开关接通,合上连接线圈的两个单刀双掷开关,转动磁感应强度探测器的手柄,观察并记录当探测器处在轴线上的不同位置时,磁感应强度大小的变化.

2. 把两个单刀双掷开关掷于另外一个方向,再一次观察并记录当探测器处在轴线上的不同位置时,磁感应强度大小有无变化.

3. 只让一个单刀双掷开关闭合,观察此时磁场的分布.

4. 把两个单刀双掷开关打开,并把电源断开.

图 4.24.1 亥姆霍兹线圈

【注意事项】

1. 电流不能过大.

2. 调节探测线圈位置手柄时动作要轻柔.

【探索思考】测量亥姆霍兹线圈中的磁感应强度时,会不会受到地球磁场的影响? 当两个线圈较近或者较远时,磁感应强度叠加结果如何? 还是均匀的吗?

4.25 磁铁磁场线

【实验内容】用铁粉显示磁感应线的分布,表明磁铁周围的磁场存在.

【实验原理】磁感应线类似于电场线,磁感应线密度与磁感应强度的大小成正比,其切线方向表示该点磁感应强度的方向. 磁铁在周围空间激发磁场,这一点可由铁粉的分布形象地显示出来,因为铁粉是顺磁性物质.

【实验方法】

1. 如图 4.25.1(a)所示. 将条形磁铁水平放置,其上放一洁净的平玻璃板,将铁粉均匀撒在玻璃板上,轻轻敲动玻璃板,铁粉将沿磁感应线排列.

2. 如图 4.25.1(b)所示. 将马蹄形磁铁竖立,极面朝上,并将玻璃板置于其上,将铁粉均匀撒在玻璃板上,就可观察到磁感应线的分布情况.

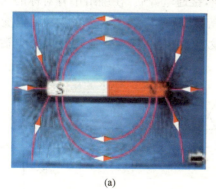
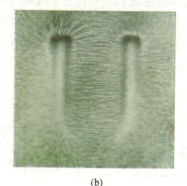

(a)   (b)

图 4.25.1 磁感应线演示

4.26　电流磁感应线

【实验内容】用铁粉显示各种形状的载流导线周围磁感应线的分布.

【实验原理】环形电流的磁感应线是一些围绕环形导线的闭合曲线,磁感应线和环形电流的方向遵从右手定则.通电螺线管内部的磁感应线与螺线管的轴线平行,并和外部的磁感应线连接,形成一些环绕电流的闭合曲线.通电螺线管的电流方向和它的磁感应线方向仍遵从右手定则.

电流磁场(和天然磁铁相比)的特点:磁场的有无可由通断电来控制,磁场的极性可以由电流方向变换,磁场的强弱可由电流的大小来控制.

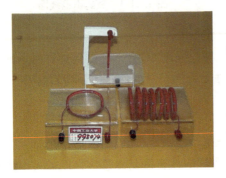

图 4.26.1　电流磁感应线

【实验方法】

1. 按图 4.26.1 所示放好仪器,接好线路,先在螺线管导线板上均匀撒上铁粉,当电源未接通时,铁粉排列杂乱.

2. 短暂接通电源,轻敲导线板,铁粉将沿磁场方向排列,显示螺线管磁感应线的分布.

3. 将导线板换成圆线圈、直导线,重复上述实验方法,便可显示圆电流、直线电流周围磁感应线的分布.

4. 将小磁针放在导线板面各个位置,可显示各处磁场方向.

【探索思考】螺线管内部磁场是匀强的吗?

 4.27　三相旋转磁场

【实验内容】了解三相电场与磁场的相互关系.

【实验原理】定子有三个线圈绕组,接通电源后,在绕组中有对称的三相电流流过("对称"是指各相电流的幅值相等,相位差为 $120°$),三对线圈通以交流电后产生旋转磁场,金属球在旋转磁场中发生电磁感应产生涡流.三相电场与磁场相互关系如图 4.27.1 所示.

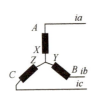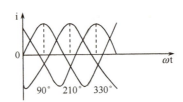

$i_A = i_N \sin \omega t,$　　　$i_B = i_N \sin(\omega t - 120°),$　　　$i_C = i_N \sin(\omega t - 240°)$

图 4.27.1　三相电流与磁场相互关系

一般说来,旋转磁场的转向总是从电流超前的相移向电流滞后的相. 如果将三相的 3 个引出线任意两个对调再接向电源,即通入三相绕组的电流相序相反,则旋转磁场的转向也跟着相反.

【实验方法】

1. 如图 4.27.2 所示,打开电源开关,给三对线圈通以 380V 交流电,先将一个钢球放入磁场中心,观察其转动情况.

2. 放入另一个钢球,观察两个钢球转动和相互作用的情况.

3. 实验结束,定时器将自动关闭电源.

【注意事项】一些易受磁场作用的物品(如机械手表)要远离仪器.

【探索思考】当两个磁场的几何夹角与两相励磁电流的相位差均等于 0°或 180°时,能产生旋转磁场吗?

图 4.27.2　三相旋转仪

 ## 4.28　磁力仪

【实验内容】观察磁场力的相互作用.

【实验原理】根据磁极的同性相斥、异性相吸的特性,在磁场作用下,六个水上磁性浮球在磁场力的作用下在水面上相互远离或靠拢到大磁棒周围.

图 4.28.1　磁力仪

【实验方法】

1. 如图 4.28.1 所示,移动手柄使磁棒升起,此时的水槽中六个玻璃球壳(内装小磁铁)在磁场力的作用下在水面上相互远离.

2. 再移动手柄使磁棒下降,此时的水槽中六个玻璃球壳在磁场力的作用下在水面上相互聚拢到大磁棒周围.

3. 重复上述动作,小玻璃球重复离开和聚拢.

【注意事项】重复操作时,不要用力过大.

【探索思考】现实生活中磁场力有哪些应用?

🔬 4.29　洛伦兹力

【实验内容】观察电荷在电场与磁场中的运动轨迹.

【实验原理】运动电荷在磁场中所受到的力称为洛伦兹力.如果同时存在电场,电荷还将受到电场力的作用.所以,在电磁场中运动的电荷同时受电场力与洛伦兹力的作用,运动轨迹取决于电磁场的方向、强弱、运动速度、质量和所带电量等因素.

图 4.29.1　洛伦兹实验仪

【实验方法】

1. 如图 4.29.1 所示,把电场、磁场方向开关置于中间位置(即无电磁场作用).接通电流(220V,50Hz),电源预热.调节聚焦、辉度旋钮,使光束达最佳状态.转动旋钮,使电子束向左(或向右)发射.

2. 演示电子束在电场中的偏转:磁场开关仍置于中间位置,而将电场方向开关向左(或右)转动,可明显看到电子束向上(或向下)偏转.

3. 演示电子束在磁场中偏转:电场开关置于中间位置,将磁场方向开关向左转动,磁场线垂直穿入"××",若此时电子束向左发射,则电子束向上弯曲成圆弧,如向右发射,则向下弯曲.将磁场方向开关向右转动,磁场线穿出"∷",电子束偏转正好与上述相反.圆弧大小可通过励磁电流大小调节旋钮控制.

4. 通过旋转灯管,使电子束在水平范围内作 360°旋转,可演示磁场线与电子束成各种角度的实验,这时电子束的轨迹可分直线、圆、圆弧、螺旋线等.

5. 演示电子束在电场和磁场作用下的运动轨迹:同时加入电场、磁场,并旋转旋钮,可观察到电子束作螺旋线、圆周、弧线、直线等运动轨迹.

【注意事项】操作时,注意电磁场方向开关的位置,若不加电场或磁场时,切记开关置中间位置.

【探索思考】

1. 在演示电子束在磁场中偏转时,旋转旋钮,有时电子束并不偏转,为什么?

2. 试讨论同时加入电磁场时,电子束和磁场夹角 θ 与电子运动轨迹之间的关系.

4.30　磁场对载流直导线的作用

【实验内容】载流导体在磁场中受安培力作用.

【实验原理】铜杆、金属导轨、导线和电源构成闭合回路,通有电流时,铜杆在马蹄型磁铁两极间的磁场中受安培力作用而运动.

【实验方法】按图 4.30.1 所示接好线路,将金属铜杆置金属导轨上并使之处于磁铁两磁极间,接通电源,铜杆向马蹄型磁铁内滚动,若使电流反向,则铜杆向外滚动.

图 4.30.1　磁场中载流直导线的运动

【注意事项】实验前要用细砂纸将铜杆与金属导轨擦试干净,以保持良好接触.通电时间要短.

【探索思考】若铜杆与两平行导轨方向不垂直,铜杆的运动情况如何?

 4.31　巴比轮

【实验内容】电流在磁场中所受安培力形成的力矩引起金属盘转动.

【实验原理】载流导体在磁场中要受安培力的作用,该力对圆盘转轴产生力矩,使圆盘发生转动.

【实验方法】

1. 如图 4.31.1 所示,将金属转盘架套放在U 形磁铁上.

2. 用连线将金属巴比轮与直流电源对应相连,一个触点接到金属转盘轴,一个触点接到金

图 4.31.1　巴比轮演示仪

属转轮外侧的铜片.

3. 接通电源(220V,50Hz),打开电源开关,按下输出按钮,可见转轮转动起来.

4. 改变磁场方向,转轮将反向转动.

【注意事项】

1. 要将 U 形磁铁口朝上沿竖直向上的方向放置,否则,金属轮不会转动.

2. 注意金属转盘不要和磁铁发生接触.

【探索思考】 若转轮不转动,可能存在哪些原因?

4.32   磁场对矩形载流线框的作用

【实验内容】 模拟矩形线框在恒定均匀磁场中受到磁力矩的作用.

【实验原理】 平面矩形载流线框在均匀磁场中所受磁场力的矢量和为 0,故不会平动,但矩形线框要受到磁力矩的作用,故会在磁场中转动.线框垂直于轴线的两条边所受的力互相平衡,而平行于轴线方向的两边受的力大小相等方向相反、与这两条边垂直且不在同一直线上,形成力偶并产生力矩,使线框转动.

图 4.32.1   载流线圈在磁场中的作用

【实验方法】 如图 4.32.1 所示,接通电源,打开电源开关,模拟载流线框将匀速旋转,转速 8 转/分钟.在旋转同时,固定在线框竖直边上的受力方向指示箭头始终指向线框两竖直边所受安培力的方向.也可以演示当线框旋转到某一位置时所受到的力及力矩的方向.关闭电源,观察线框在某瞬间位置时线框两竖直边所受安培力的方向及力矩的方向.本仪器在模拟的磁场中,载流线框的法线方向在不断改变的同时,用箭头自动地显示线框两竖直边所受安培力的方向.

【注意事项】 不要用手快速转动矩形线框.

【探索思考】 磁场对载流线框的这种作用在发电机技术中有何应用?

4.33   载流线圈与平行直导线

【实验内容】 观察载流线圈间的相互作用及平行直导线间的相互作用.

【实验原理】 一个平面载流线圈中通有电流后产生的磁场为非均匀磁场,除线圈轴线上的磁场沿轴线方向外,其他各处的磁场有垂直于轴线方向的分量.另一通电平面线圈在该磁场中受安培力作用,由于圆电流的轴对称性,线圈整体在垂直轴线方向所受的合力为零,但平行于轴线方向的合力不为零.当线圈中通有同方向的电流时,一线圈所受到的沿轴线方向的力指向另一线圈,从而互相吸引,反之,互相排斥.

载流直导线在其周围产生磁场,另一载流直导线处于该磁场中将会受到安培力的作用.由于第一根载流直导线产生的磁场作用于第二根载流直导线,同时第二根载流导线产生的磁场作用于第一根载流导线,因此两根导线之间就发生相吸或相斥的现象.

图 4.33.1　载流线圈与平行导线

【实验方法】

1. 图 4.33.1 左边的载流线圈:将连接导线与标有"线圈"的正、负接线柱相连,接通电源,可见到两线圈相互吸引;若在线圈中加入铁芯,则吸引程度加强.改变闸刀开关的方向,两线圈电流方向相同,两线圈互相排斥.

2. 图 4.33.1 右边的平行直导线:将连接导线与标有"直导线"的正、负接线柱相连,接通电源,可见到两者间相互吸引.改变闸刀开关的方向,两根直导线电流方向相同,两者间互相排斥.

【注意事项】 所加电压不能太大,通电时间要短(瞬时供电).

【探索思考】 若两线圈不同轴,则其运动情况如何?

4.34　交直流两用电动机

【实验内容】 了解交直流电动机的构造及原理.

【实验原理】 图 4.34.1(a)直流电机:电磁铁经直流电励磁产生稳恒磁场,电枢线圈通有直流电时,在稳恒磁场中受力矩作用而旋转,由于磁场不变且电枢线圈中通有直流电,故要利用换向电刷有规律地改变电枢线圈中的电流方向,使之能持续不断地转动.交流电机:利用交流电通过线圈产生交变磁场,通电的电枢线圈由于受到磁力矩作用而转动.

【实验方法】

直流电动机:

1. 如图 4.34.1(b)所示,将电磁铁线圈接线柱④、⑤分别与直流电源正负接线柱相接.

2. 将电刷置于直流位置(即两个电刷各与一个滑环的半圆形部分相接),同时用导线将电刷接线柱⑥、⑦分别与直流电源正负接线柱相接.

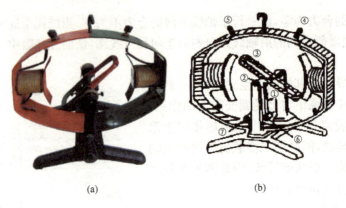

图 4.34.1　交直流电机

3. 接通直流电源开关,电枢即行转动.

交流电动机:

1. 用导线将电磁铁线圈与电枢线圈③相串联,再将串联线路两端接 110V 交流电源(可用自耦变压器得 110V 交流电).

2. 电刷①分别与两滑环的半圆柱形部分接触,接通电源,电动机即行转动.

【注意事项】

1. 实验交流电动机时,由于电压较高应注意安全.

2. 电磁铁的电极线圈上电压不得超过额定值.

3. 电刷与环接触,松紧要合适,太紧电枢不会转动.

【探索思考】电动机和发电机原理有何不同?

4.35　电磁炮

【实验内容】了解电磁炮的原理.

【实验原理】如图 4.35.1 所示,当炮筒中的线圈通入瞬时强电流时,穿过闭合线圈的磁通量发生变化,由于电磁感应,置于线圈中的金属炮弹会产生感生电流,感生电流的磁场将与通电线圈的磁场相互作用,使金属炮弹远离线圈而飞速射出.电磁炮发射炮弹时,在炮弹中通以强脉冲电流,在发射架的强脉冲磁场的作用下受到强大的推动力而发射出去.

【实验方法】

1. 把靶放在炮弹前进的方向,估计好炮弹应打到的位置.

2. 把金属炮弹放进炮筒中,要使炮弹全部进入,这样便于炮弹射出.

3. 按下触发开关,炮弹飞出击中靶子.

【注意事项】

1. 在炮弹出射的前方不能有人及易损害的物品.

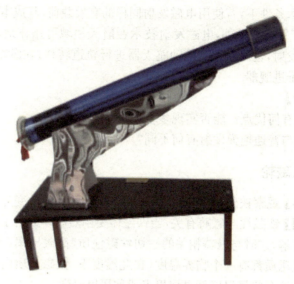

图 4.35.1　电磁炮

2. 若炮弹射不出,可能是炮弹没有全部进入炮膛内.

3. 靶子只能起遮挡作用,可在靶前铺一块泡沫板或海绵.

【趣味拓展】电磁炮

　　军用电磁炮,顾名思义不是利用火药,而是采用电磁力来发射炮弹. 在强大的电流推动下,电磁炮发射的炮弹比传统火炮速度快得多. 炮弹出膛速度可达 7～8 倍的音速,射程有 400～500 公里. 虽然空气阻力会逐渐降低炮弹的速度,但到达目标时仍有 5 倍的音速,而一般炮弹的出膛速度连 3 倍音速都不到. 面对 5 倍音速的炮弹,钢铁犹如豆腐,所以炮弹里根本不用装炸药,光靠动能就有足够的破坏力. 电磁炮发射效果如图 4.35.2 所示.

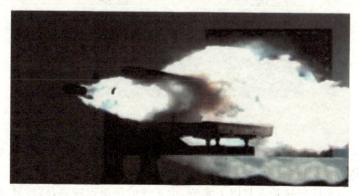

图 4.35.2　电磁炮发射效果图

在现代技术条件下,若使用电磁发射同样的有效载荷,其成本仅是化学火箭的1/10左右.除了军事用途外,电磁发射技术在航天领域可用作地对空的定向发射和纯有效载荷发射,也可在天基推动航天器进行轨道转移;在海军方面,还可以制造磁流体喷水推进舰船.

【探索思考】

1. 电磁炮有何优点? 能否实现多级加速? 怎样实现?

2. 电磁炮与普通炮弹发射有何不同?

 4.36   热磁轮

【实验内容】观察铁磁物质在温度超过居里点后,铁磁性变为顺磁性的现象.

【实验原理】铁磁性与磁畴有关,当铁磁体受剧烈震动或由于剧烈热运动的影响,磁畴就会瓦解,这时与磁畴相关的一切铁磁性质(高磁导率,磁滞现象)都会全部消失.任何铁磁质都有一个临界温度,在此温度下,铁磁介质内分子的热运动刚好破坏了磁畴,这个临界温度就是居里点或称居里温度.

【实验方法】

1. 如图 4.36.1 所示,点燃酒精灯,放在转轮下面偏离磁极一侧,使靠近磁铁的镍丝部分在磁场中的一侧被加热.当达到居里点时,被加热的镍丝失去铁磁性,转轮在磁场中受力失去了平衡,因而受到一个力矩的作用,转轮将向一个方向转动.演示时应注意避免风吹.

图 4.36.1   热磁轮演示仪

2. 将酒精灯移去,转轮将慢慢地停止转动,待完全停止转动后,将酒精灯放回,但加热部位靠近另一侧,转轮将向另一个方向转动.

3. 换一个铁丝转轮重复以上实验,由于铁的居里点较高,转轮转速很慢.通过对比有助于加深对居里点的认识.

【注意事项】加热时,酒精灯焰要对准转轮边缘,不要长时间加热.实验完后,酒精灯要用灯罩盖灭,不能吹灭.

【探索思考】

1. 磁畴是铁磁介质的一种量子效应.一般说来,量子效应给出的结果不同于经典理论的持"是"或"否"的断然界限,如粒子穿越有限势垒,即使势垒高于粒子能量,也有一定概率穿透,而经典结论是粒子能量低于势垒则不可逾越.而且热运动是一种统计的概念,有运动能量高的分子可破坏磁畴,也必有运动能量低的分子不能破坏磁畴.总之,磁畴的消失随温度的变化应是渐变的才可被理解.而实验表明,磁畴是随温度变化到居里点而突然消失.你对此作何解释?

2. 铁磁性物质的居里点有何可能的应用?

 ## 4.37　电磁加速器

【实验内容】了解带电物体在磁场中的受力、运动情况及其原理.

【实验原理】19 世纪,英国科学法拉第发现,位于磁场中的通电导线将会受到力的作用,导线中的电流既可以由电源提供,也可以由电磁感应而产生.载流导体在磁场中受力而不断加速是电磁加速器的原理.

【实验方法】如图 4.37.1 所示,导轨上安装有 6 组密绕线圈,将小球放入导轨中,拨动钢球,可观察到钢球在管道内由静止开始运动,每到一组线圈处,传感器发出指令使金属线圈通电,小球在磁场力的作用下被加速.随着小球的继续前行,不断通过线圈,其速度将越来越大.

图 4.37.1　电磁加速器

【注意事项】运动轨道为塑料制品,不要往运动轨道中扔杂物,以免影响小球的运动轨迹及速度.

【探索思考】高速电子感应加速器与这个实验的原理相同吗?

4.38　帕尔贴效应

【实验内容】了解锑铋金属棒两端的温度与其通电电流的关系.

【实验原理】电流流过两种不同导体的界面时,将从外界吸收热量,或向外界放出热量,这就是帕尔贴效应.由帕尔贴效应产生的热量称作帕尔贴热,其物理机制是:电荷载体在导体中运动形成电流.由于电荷载体在不同的材料中处于不同的能级,当它从高能级向低能级运动时,便释放出多余的能量;相反,从低能级向高能级运动时,从外界吸收能量.能量在两种材料的交界面处以热量的形式吸收或放出.

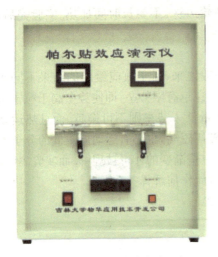

图 4.38.1　帕尔贴效应演示仪

【实验方法】

1. 如图 4.38.1 所示,中间的棒状物由两种不同金属组成,一边是锑,一边是铋.接通电源,电流沿某一方向流动,由于帕尔贴效应,不能立刻显示温度的变化,两块温度显示装置的读数开始应该相同,都应为室温.

2. 将换向开关按下,电流在锑铋金属棒中反向,测温探头将温度测试出来,观察比较左右两侧的温度显示装置读数.

3. 再将换向开关弹出,电流再反向,再次观察比较左右两侧的温度显示装置读数.

【注意事项】外加电压不要太大.

【探索思考】这种原理能否应用于实际的制冷装置中.

 4.39　磁悬浮

【实验内容】观察磁悬浮现象.

【实验原理】如图 4.39.1 所示,利用反馈电路控制磁场的强度,通电时,电磁铁会吸引小球,当小球上升到线圈位置时,将阻断光电线路中的光线,小球不受电磁力作用,受重力作用而下降,这时光线不受阻,电路接通,电磁铁再度吸引小球,如此反复,随着光电检测器接收到的光信号变化而使磁场强度增强或减弱,使小球保持在适当的悬浮位置上.

【实验方法】把小球轻轻靠近电磁线圈,小球会自动悬浮在线圈下面 1～2cm 的地方,如果无法悬浮,可调整电磁场的强度.

【注意事项】小球为铝合金产品,容易变形,注意爱护.

图 4.39.1　磁悬浮

【探索思考】本实验的磁悬浮原理与磁悬浮高速列车的悬浮原理相同吗?

 4.40　超导磁悬浮小车

【实验内容】观察超导体对永磁铁排斥或吸引作用形成磁悬浮现象.

【实验原理】当一块 YBaCuO 系超导体移近永磁铁时,磁场线进入超导体表面,在超导体内感应出很高的电流,从而对永磁铁产生排斥,排斥力随相对距离的减小而增大,它可以克服超导体的重力,使其悬浮在永磁铁上方的一定高度上;当超导体远离永磁铁移动,在超导体中产生负的磁通密度,感应出反向电流,对永磁体产生吸引力,可以克服超导体的重力,使其倒挂在永磁体下方的某一位置上.

【实验方法】

1. 演示磁悬浮:将超导样品放入液氮中浸泡3～5分钟,然后用竹夹子夹出放在如图4.40.1所示的磁性轨道上方,使其悬浮高度为10mm,以保持稳定,再沿轨道水平方向轻推样品,则样品沿此水平轨道作周期性的水平平面运动,直到温度高于临界温度(大约90K)超导性能消失时,样品落到轨道上.

图4.40.1 超导磁悬浮

2. 演示磁倒挂:将超导样品放入液氮中浸泡3～5分钟,把磁性轨道定位插销拔掉,将其翻转180°,使磁性轨道朝下,再将定位插销插上,用竹夹子将样品夹出,放到轨道下方约10mm处,并用手沿水平方向轻推样品,则样品可在磁轨道下方转数圈.

【注意事项】

1. 样品放入液氮中,必须充分冷却、直至液氮中无气泡为止,样品一定用竹夹子夹住,千万不要掉在地上,以免样品摔碎.

2. 实验时,沿水平方向轻推样品,速度不能太大,否则样品将沿直线冲出轨道.

3. 演示倒挂时,当样品运动一段时间后,由于温度太高,样品失去超导性将下落,这时应接住它,否则,样品将摔坏.

【探索拓展】 磁悬浮列车

磁悬浮列车利用"同性相斥,异性相吸"的原理,让磁铁具有抗拒地心引力的能力,使车体完全脱离轨道,悬浮在距离轨道约 1cm 处,腾空行驶,如图 4.40.2 磁悬浮的运行需解决好悬浮、驱动和导向三个问题.

图 4.40.2　磁悬浮运行线

磁悬浮列车两种形式:一种是利用磁铁同性相斥原理而设计的磁悬浮列车,它利用车上超导体电磁铁形成的磁场与轨道上线圈形成的磁场之间所产生的排斥力,使车体悬浮运行;另一种则是利用磁铁异性相吸原理而设计的电动力运行系统的磁悬浮列车,它是在车体底部及两侧倒转向上的顶部安装磁铁,在 T 形导轨的上方和伸臂部分下方分别设反作用板和感应钢板,控制电磁铁的电流,使电磁铁和导轨间保持 10~15mm 的间隙,并使导轨钢板的排斥力与车辆的重力平衡,从而使车体悬浮于车道的导轨面上运行.

关于驱动:位于轨道两侧的线圈里通入交流电,将线圈变为电磁体. 由于它与列车上的超导电磁体的相互作用,就使列车开动起来. 列车前进是因为列车头部的电磁体的 N 极被靠前一点的轨道上的电磁体的 S 极所吸引,并且同时又被轨道上稍后一点的电磁体的 N 极所排斥. 当列车前进时,在线圈里流动的电流流向反向. 其结果就是原来 S 极变为 N 极,反之亦然. 这样,列车由于电磁极性的转换而得以持续向前奔驰. 根据车速,通过电能转换器调整在线圈里流动的交流电的频率和电压.

导向常采用"常导型磁吸式"导向系统. 它是在列车侧面安装一组专门用于导向的电磁铁. 列车发生左右偏移时,列车上的导向电磁铁与导向轨的侧面相互作用,产生排斥力,使车辆恢复正常位置. 列车如运行在曲线或坡道上时,控制系统通过对导向磁铁中的电流进行控制.

【探索思考】什么是超导? 超导体有哪些基本性质?

4.41 地磁场测量

【实验内容】了解一种测量弱磁场的方法及其原理.

【实验原理】物质在磁场中电阻率发生变化的现象称为磁阻效应. 对于铁、钴、镍及其合金等磁性金属,当外加磁场平行于磁体内部磁化方向时,电阻几乎不随外加磁场变化;当外加磁场偏离金属的内部磁化方向时,此类金属的电阻减小,这就是强磁金属的各向异性磁阻效应.

【实验方法】

1. 如图 4.41.1 所示是一台地磁测量仪.首先将磁阻传感器放置在亥姆霍兹线圈公共轴线中点,并使管脚和磁感应强度方向平行.即传感器的感应面与亥姆霍兹线圈轴线垂直.

2. 从0开始每隔10mA改变励磁电流,分别测量出励磁电流为正向和反向时磁阻传感器的输出电压 U_1 和 U_2,$\overline{U} = (U_1 - U_2)/2$.测正向和反向两次,目的是消除地磁沿亥姆霍兹线圈方向(水平)分量的影响.

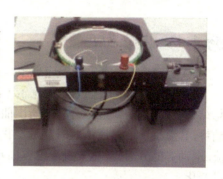

图 4.41.1 地磁场测量仪

3. 用亥姆霍兹线圈产生的磁场磁感应强度作为已知量,采用最小二乘法拟合,测量磁阻传感器的灵敏度.

【注意事项】实验仪器周围的一定范围内不应存在铁磁物体,以保证测量结果的准确性.

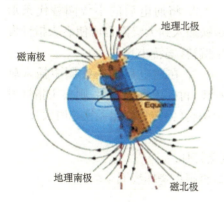

图 4.41.2 地磁场模型

【趣味拓展】地磁场起源探究

地球是一个巨大的磁体,地磁场的主要部分犹如一个近似沿自转轴方向均匀磁化的球体的磁场,如图 4.41.2 所示.因此"永久磁石说"就成为地磁场成因最早和最自然的猜测.当地球物理学家提出地核可能是由铁、镍等强磁性物质组成的时候,这种猜测似乎得到了支持.然而地球内部的温度远超过铁的居里点,所以这个假说不能成立.继而有人曾企图借助于带电球的旋转、回转磁效应、温差电流以及感应电流等物理效应来解释地磁场,但其量值都远不够大.例如,根据回转磁效应,地球由于自转获得的磁化强度约为 10^{-10} 电磁单位,比与地磁场相当的均匀磁化球体的磁化

强度 7.2×10^{-2} 约小 9 个数量级.

【探索思考】

如果在测量地磁场时,在磁阻传感器周围较近处,放一个铁钉,对测量结果将产生什么影响?

三、电磁感应及电磁波

4.42   电磁感应

【实验内容】观察电磁感应现象.

【实验原理】电磁感应由迈克尔·法拉第(Michael Faraday)于 1831 年发现并总结为实验定律:穿过闭合回路所围曲面的磁通量发生变化时,回路中产生感应电动势,其大小与该磁通量对时间的变化率成正比. 若回路闭合,回路中存在感应电流. 电动势的方向(或感应电流的方向)将由楞次定律给出,其本质就是阻止原磁通量变化.

图 4.42.1   电磁感应

【实验方法】

1. 如图 4.42.1 所示,将大线圈接入检流计的"M"接线端子上,将条形磁铁插入线圈后,检流计即可向一个方向偏转,如将条形磁铁反方向插入,则指针向相反方向偏转.

2. 将通电后的小线圈替代条形磁铁插入到大线圈也可使表头指针发生偏转(偏转小).

3. 在通电后的小线圈中插入软铁棒,再插入到大线圈,则表头指针发生偏转(偏转角度比无铁芯时大).

【注意事项】

1. 线圈为有机玻璃骨架,切勿掉地,否则会摔坏.

2. 线圈直流电压不能过高(不超过 30V),否则将烧坏线圈.

【探索思考】

1. 说明为什么楞次定律与能量守恒定律一致?

2. 不闭合线圈中磁通突变,有无感应电动势?

4.43 楞次定律

【实验内容】 用实验验证楞次(Lenz)定律.

【实验原理】 闭合回路中感应电流的方向,总是使它所激发的磁场来阻止引起感应电流的磁通量的变化.或者说感应电流的效果,总是反抗引起感应电流的原因.

【实验方法】

1. 如图 4.43.1 所示,磁铁插入闭合铝环,铝环受斥;磁铁从闭合铝环中抽出,铝环受吸.

图 4.43.1　楞次定律

2. 对非闭合铝环重复上述步骤,铝环静止不动.

【探索思考】 如何判别感应电动势的方向?

4.44 楞次定律对比实验

【实验内容】 观察同样大小的磁铁和铝块,在闭合和有开口的金属管子里运动情况,加深对楞次定律的理解.

【实验原理】 磁铁块在导体管下落,导管中产生感应电流.根据楞次定律可知,感应电流总是反抗引起感应电流的原因,因此下落磁铁块将不断地受到电磁阻尼作用,而缓慢下降.铝块在导体(铝)管下落过程中,导体管中不会有感应电流产生,所以没有电磁阻尼的作用,而以重力加速度 g 匀加速快速下落(忽略管壁的摩擦力和空气阻力).

【实验方法】 结构如图 4.44.1(a)所示,装置如图 4.44.1(b)所示.

1. 左手持磁铁块 E,右手持铝块 F,分别从 A、C 两铝管的上端口,同时释放.从 A、C 两铝管下端开口处,观察磁铁块和铝块下落的情况,并注意比较磁铁块与铝块的下落快慢.

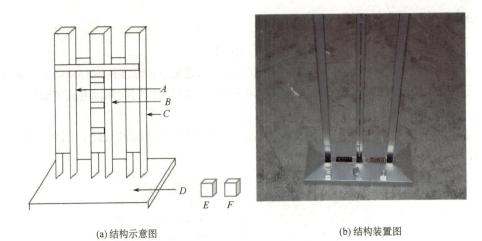

(a) 结构示意图　　　　　　　　　　　　　(b) 结构装置图

图 4.44.1　对比式楞定律实验仪

2. 两手持相同的磁铁块分别从 A、B 两铝管的上端口同时释放.同样,从 A、B 两铝管下端开口处,观察磁铁块下落的情况,将看到 A 管中的磁铁块如同 1 中所述的情况一样,缓慢地下落,B 管中的磁铁块沿开有缝隙的铝管 B 快速下落.这是由于 B 管中产生的感生电流很小,受到的电磁阻尼也小,所以先于 A 管中的磁铁块到达下端开口处.

【注意事项】

1. 本实验使用的是强磁铁,请不要把两个磁铁靠近,避免受伤.

2. 由于实验器材全部采用铝合金结构,切勿磕碰、防止结构变形,影响实验效果.

【探索思考】造成磁铁块与铝块运动情况不同的主要原因是什么?

 4.45　线圈在磁场中转动

【实验内容】了解线圈在磁场中转动产生的电动势.

【实验原理】磁场没有变化,线圈面积也没有发生变化,但只要磁场的方向与线圈的方向间的夹角发生变化,就会造成通过线圈的磁通量发生变化,根据法拉第电磁感应定律,回路中存在感应电动势,也存在感应电流.

【实验方法】如图 4.45.1 所示,将线圈两端接在检流计上,用手转动线圈可看到检流计指针偏转,转速越快,指针偏转角度越大,说明线圈在磁场中转动产生了感应电动势,其大小与线圈转速成正比,线圈转动方向相反,指针反方向偏转,说明线圈中感应电动势反向,这正是发电机的工作原理.

【注意事项】保护检流计指针.

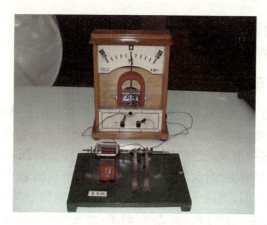

图 4.45.1 线圈在磁场中转动

【探索思考】指针偏转幅度与哪些因素有关?

 ## 4.46 自感现象

【实验内容】观察自感线圈通电及断电时的自感现象.

【实验原理】当自感线圈中产生电流发生变化时,自感线圈产生感生电动势,以阻碍原电流的变化,同时自感线圈还可以储存能量和释放已经存储的能量.

【实验方法】

1. 如图 4.46.1 所示的装置有两条支路,一条支路中有自感线圈,一条支路中没有自感线圈.接通电源,将 K_2 断开,当 K_1 接通的瞬间,可观察到灯泡 L_1 先亮、L_2 滞后.即在通电瞬间,有自感线圈支路中电流强度的增强明显滞后.这是自感线圈对电流变化的阻碍作用所致.

2. 断电自感现象:将 K_2 合上(即将 L_2 短路)K_1 断开(即断电),可以观察到在断电的瞬间 L_1 突然亮了一下(比正常

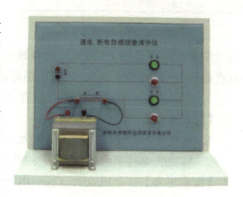

图 4.46.1 自感实验仪

通电时还亮).即在断电瞬间,回路内电流强度突然增加后迅速减小至零.这也是由于自感线圈阻碍电流的减小,不过这种阻碍是以释放其储存的能量为代价的.

【注意事项】本实验初级电源为 220 伏,有一定危险性,仪器背板后面的裸露电线不要直接用手摸触,避免引起触电事故.

【探索思考】

1. 自感现象的明显程度与哪些因素相关?

2. 在自感系数很大的电路中,切断电路开关的瞬间,为什么会形成电弧?

 **4.47　互感现象**

【实验内容】了解两个线圈之间的互感及铁芯在线圈互感中的作用.

【实验原理】两个线圈,若在其中一个线圈中通以某一交变信号,由于互感,则会在另一线圈中感应出来,线圈结构一定时,感应信号的强弱与两线圈的相对取向、距离及周围介质有关.当两个线圈平行取向时,感应出来的信号最强,偏离平行取向时,感应信号变弱,当两个线圈相互垂直时,感应信号基本消失.两线圈较近时,漏磁少,感应出来的信号强;反之,漏磁多,感应出来的信号弱.铁芯属强磁质,可使磁场大大加强,故感应出来的信号强,反之,感应出来的信号弱.

【实验方法】

图 4.47.1　互感演示仪

1. 如图 4.47.1 所示,接通电源,打开电源开关和收音机开关,适当调节音量,将换向开关打到一侧,这时可听到左喇叭有声音,这是收音机自身发出的声音,将换向开关打到另一侧,这时声音停止.

2. 将两线圈分别接在机箱两侧的输入插座上,并把两线圈放在同一直线上,这时可听到右喇叭有声音,而且两线圈移近时声音增大,移远时声音减小,加入铁芯后声音可增大几倍,将两线圈垂直放置,声音减小至消失.说明这是通过互感线圈感应过来的声音.

3. 可以随意改变线圈的相对位置和方向,观察两线圈的互感情况.

【注意事项】

1. 音量旋扭应从 0 开始逐步加大.

2. 移动线圈时小心,以免其中的铁芯脱落.

【探索思考】收音机收听过程中出现的杂音现象,主要影响因素有哪些?

 4.48　单相手摇发电机

【实验内容】了解发电机原理.

【实验原理】矩形线圈和小灯泡构成闭合回路,摇动手柄矩形线圈在磁场中转动时,线圈的两条与轴线方向平行的边切割磁力线产生动生电动势,并在回路中形成电流而使小灯泡发光.

【实验方法】如图 4.48.1 所示,用手摇动大轮上的手柄,带动矩形线圈在磁场中转动,切割磁力线产生电动势使小灯泡发光.

【注意事项】用手摇时要平稳,避免剧烈晃动.

【兴趣拓展】发电机史话

图 4.48.1 手摇发电机

1820 年,奥斯特成功地完成了通电导线能使磁针偏转的实验后,当时不少科学家又进行了进一步的研究:磁针的偏转是受到力的作用,这种机械力来自于电荷流动的电力.那么,能否让机械力通过磁转变成电力呢? 著名科学家安培是这些研究者中的一个,他实验的方法很多,但都没有成功.

另一位科学家科拉顿,在 1825 年做了这样一个实验:把一块磁铁插入绕成圆筒状的线圈中,他想,这样或许能得到电流.为了防止磁铁对检测电流的电流表的影响,他用了很长的导线把电流表接到隔壁的房间里.他没有助手,只好把磁铁插到线圈中以后,再跑到隔壁房间去看电流表指针是否偏转.现在看来,他的装置是完全正确的,实验的方法也是对头的,但是,他忽略了这样一个事实:电流表指针的偏转,只会发生在磁铁插入线圈的一瞬间,一旦磁铁插进线圈后不动,电流表指针又回到原来的位置.所以,等他插好磁铁再赶紧跑到隔壁房间里去看电流表,无论怎样快也看不到电流表指针的偏转现象.要是他有个助手或把电流表放在同一个房间里,他就是实现变机械力为电力的第一人了.但是,很可惜他失去了这个好机会.

整整 6 年后,1831 年 8 月 29 日,英国科学家法拉第获得了成功,使机械力转变为电力.他的实验装置与科拉顿的实验装置并没有什么两样,只不过是他把电流表放在自己身边,在磁铁插入线圈的一瞬间,指针明显地发生了偏转,他成功了.使磁铁运动的机械力终于转变成了使电荷移动的电力.两个月后,他试制了第一台真正意义上的发电机,标志着人类从蒸汽机时代进入了电气时代.

【探索思考】

1. 交流电的频率和强弱分别与哪些因素有关?

2. 为什么发电厂会有测速仪和测振仪等测量机械运动的仪表?

4.49 脚踏发电机

【实验内容】观察能量转换过程.

【实验原理】脚踩踏板带动小车中的转子转动,以切割电磁线圈的磁感线产生感应电动势,实现人力做功的机械能与电能的转换.

【实验方法】如图 4.49.1 所示,实验时可以像骑自行车一样用脚踩踏板,速度越快,产生的电能越多,车前边的显示屏越能持久发亮.

图 4.49.1　脚踏发电机

【注意事项】脚踏时速度一定要均匀,避免忽快忽慢,显示器刚开始时是红色指示灯点亮,经过一个充电过程后绿灯亮,同时显示屏点亮.

【探索思考】能否将自行车改装成同时可以给手机应急充电的工具?

4.50　三相发电机

【实验内容】说明三相交流发电机[图 4.50.1(a)]的原理及负载的三角形、星形接法.

【实验原理】如图 4.50.1(b)所示,图中 AX、BY、CZ 是三个在结构上完全相同的线圈,它们排列在同一圆周上,彼此相差 $2\pi/3$ 的角度,当电磁铁(即转子)以角速度 ω 旋转时,每个线圈内的磁通量变化而产生一交变电动势,三个线圈中三个电动势为幅值与角频率相同而相位彼此差 $2\pi/3$ 的三个交流电,称三相交流电.

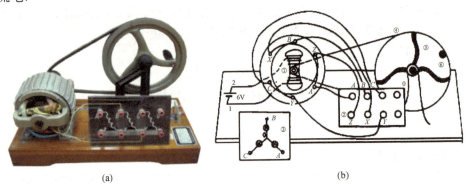

(a)　　　　　　　　　　　　　　　　(b)

图 4.50.1　三相发电机

【实验方法】

1. 将图 4.50.1(a)中接线板上接线柱按星形连接(即 X、Y、Z 用导线连接一起),A、B、C 分别与负载板上的 A、B、C 连接,0 与 0 用导线连接.

2. 将直流电源 6V,接 1、2 处,供给励磁电流.

3. 摇动摇柄,转子旋转,产生交流电,小灯泡⊗发光.

4. 将接线板上接线柱改为三角形连接(即 A 与 Z、B 与 X、C 与 Y 连在一起),同样小灯泡发亮.

【注意事项】

1. 注意零线不要接错.

2. 直流电源电压为 6V.

3. 手摇转轮时要均匀.

【探索思考】

1. 负载的三角形、星形接法有何不同?

2. 三相电与单相电有何不同.

4.51　多种形式的能量转换

【实验内容】观察电磁能、机械能、光能之间相互转换.

【实验原理】根据能量转换与守恒定律,各种形式的能量之间可以相互转化,但总量不变.如图 4.51.1 所示的能量转换轮可以演示电能与磁能、机械能、光能之间的相互转换.给电磁铁通电,电能经电磁铁转换成磁能,即产生交变磁场.转轮内的磁铁在该磁场的磁力作用下带动转轮旋转,磁能又转换成机械能,而转轮的旋转使磁场发生变化,左侧的闭合线圈产生感应电流,能量又被转换成电能,并通过发光二极管变为光能.

由于转轮的转速越来越快,要求电磁铁所产生的交变磁场与转轮同步,因此需要用感应线圈将转轮的转速情况反馈给控制电路.摩擦力的存在最终使转轮达到匀速转动状态.

图 4.51.1　能量转化演示仪

【实验方法】

1. 打开电磁控制部分前面板上的开关,使转轮右侧铁芯产生变化的磁场.

2. 轻轻转动转轮(转轮内装有许多永磁铁)使其转起来,经过两磁场的相互作用,转轮越转越快.

3. 观察转轮左侧线圈中发光二极管的发光情况.

4. 实验完毕,关掉电源.

【注意事项】

1. 因装置机械部件有一定的摩擦,开始应给转轮一定的驱动力.

2. 易被磁化的物品应远离仪器,如机械手表.

3. 转轮转动起来后勿用手阻碍其转动.

【探索思考】

1. 转轮的转速最后何以能保持恒定?

2. 从电路角度讲,反馈控制为正反馈还是负反馈?

 ### 4.52 趋肤效应

【实验内容】观察交流电的趋肤效应现象.

【实验原理】在直流电路中,均匀导体横截面上的电流密度是均匀的.但当交流电通过导体时,随着频率的增加,在导体横截面上的电流分布越来越趋向导体表面,所以,接在导体表面上的小灯泡比接在导体中间的小灯泡要亮的多,这种现象就叫做趋肤效应.

【实验方法】实验装置如图 4.52.1 所示.首先将一节干电池正负极分别接在铜棒上,并串入开关,当接通开关时,两个电珠亮度相同,接收装置如图 4.52.2 所示.证明铜棒的中心部位和表面的直流电阻相等,电珠亮度一样,然后切断开关.再将米波发生器接上电源,使之产生电磁波,将米波发生器靠近趋肤效应扬声器,即可看到,与铜棒表面相接的电珠很亮,接在中心部位的电珠很暗,超高频电流在铜棒表面流通,证明超高频的电磁波确有趋肤效应.

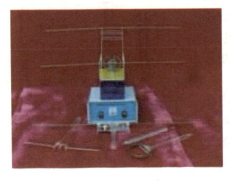

图 4.52.1 趋肤效应实验装置

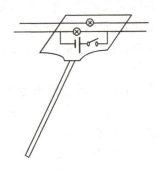

图 4.52.2 趋肤效应接收装置

【注意事项】趋肤效应接收端所用电源为干电池,实验结束后应取下,以免腐蚀触头.

【探索思考】工业生产中,怎样利用趋肤效应对金属零件进行高频表面淬火?

 ## 4.53 感生电动势

【实验内容】了解感生电动势.

【实验原理】当给线圈通上交变电流时,放置在线圈外围的闭合金属回路中磁通发生变化,进而产生涡电流,使金属圈发热;金属回路同时还受到磁场力的作用,反抗重力而跃起.如果在回路中串接灯泡,则灯泡会发光;如果将闭合回路改成有缺口的金属环,则无感生电流的产生,就观察不到上述现象.

【实验方法】

1. 如图4.53.1所示,在线圈中插入铁芯并使铁芯高出载物台一定长度,实验仪与220V交流电源接通.将带后柄的感应灯套入铁芯中,灯泡发亮.

2. 将铁芯抽出一定高度,把盛有少量水的煮水器安装在载物台上,接通电源一、两分钟后即可看到水冒热汽;以感应熔锅代替煮水器,一、两分钟后熔锅中的松香即可熔化.

3. 将闭合铝环套在线圈中的铁芯上,这时铝环由于重力作用落在下部.接通电源立即看到铝环跳起,并悬浮在空间.换一开口铝环,则无此现象.

图4.53.1 电磁感应实验仪

【注意事项】通电时间不宜过久.

【趣味拓展】电磁感应炉

高频大电流流过绕制成环状或其他形状的线圈时,在线圈内产生高频变化的强磁场,若将金属等被加热物体放置在线圈内,磁场就会贯通整个被加热物体,在被加热物体的内部便会产生很大的涡电流.由于被加热物体内存在着电阻,所以会产生大量的焦耳热,使物体自身的温度迅速上升,达到对所有金属材料加热的目的.

感应电炉按电源频率可分为高频炉、中频炉和工频炉三类;按工艺目的可分为熔炼炉、加热炉、热处理设备和焊接设备等.常用的感应电炉习惯上归纳为图4.53.2和图4.53.3,分别是有心感应熔炼炉、无心感应熔炼炉的结构示意图.

感应炉除具有很多优点,如易于造成必须的气氛,便于调节温度规范,减少金属烧损、保证铸件质量、提高生产率和降低工人的劳动强度外,尚因金属液内产生的电磁搅拌作用,能确保合金成分的均匀,在冶金、铸造和材料加工领域应用广泛.

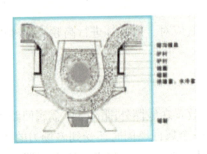

图 4.53.2　有芯炉的结构

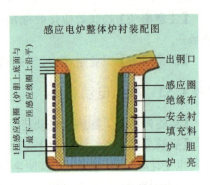

感应电炉整体炉衬装配图

出钢口
感应圈
绝缘布
安全衬
填充料
炉胆
炉亮

图 4.53.3　无芯炉的结构

【探索思考】交变电流的电磁感应有何工业应用?

 4.54　阻尼摆

图 4.54.1　阻尼摆

【演示内容】了解涡电流的阻尼作用和减小涡电流的方法.

【实验原理】如图 4.54.1 所示,金属片悬挂在电磁铁两极之间,形成一个摆.在电磁铁未通电时,金属片可以自由摆动,要经过很长时间才能停下来.但当电磁铁被励磁之后,由于穿过导体的磁通量发生变化,金属片内产生感应电流,根据楞次定律,感应电流的效果总是反抗引起感应电流的原因,因此金属摆动锤便受阻力而迅速停止.

【实验方法】

1. 装上阻尼摆或非阻尼摆(金属片上开有好些缺口以减小涡流),使之能在两磁极之间自由摆动,并将两钢锭间距调至约 1cm.

2. 将两线圈并联到电源上.通电前可见到阻尼摆的衰减时间很长,通电后可使摆动起来的阻尼摆很快停下来.用非阻尼摆代之,仍有阻尼作用,但停下来的时间要长得多.

【探索思考】非阻尼摆停下来的时间为什么比阻尼摆长得多?

 4.55　电磁波的发射接收

【实验内容】通过电磁波的辐射和接收,演示偶极振子辐射电磁波的横波特性.

【实验原理】电磁波是靠电场与磁场交替激发在空间形成的,因此电磁波为交流磁场,静电场或稳恒磁场是不能远距离传播的.电磁波的传播距离与其频率有关,高频电磁波传播过程中被空气吸收的较少,因而传播距离较远.常用的电磁波发射装置是振荡电偶极子.

【实验方法】

1. 如图 4.55.1 所示,将发生器与整流器连好,并接通电源.

2. 将带小灯泡的接收天线平行地靠近发射器的发射天线,并调发射器的可变电容器,使得其发射频率等于或接近接收器的固有频率,此时接收器的小灯泡最亮.

3. 将接收天线分别在水平与竖直方向上各扭转 90°,使得在两个平面上分别

图 4.55.1　电磁波发射接收仪

与发射天线各垂直一次,则灯泡均不亮,说明电磁波是横波.

【注意事项】本装置电压较高,电源及高压开关要遵循先后顺序.

【趣味拓展】手机信号屏蔽仪

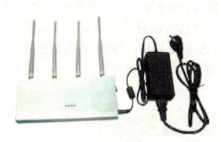

图 4.55.2　手机信号屏蔽仪

手机的工作原理如下:在一定的频率范围内,手机和基站通过无线电波联接起来,以一定的波特率(Baud rate)即调制频率和调制方式完成数据和声音的传输.为了干扰手机信号传输,手机信号屏蔽器如图4.55.2所示,在工作过程中以一定的速度从信道的低端频率向高端频率扫描,使手机在传送和接收信号中形成乱码干扰,不能检测出从基站发出的正常数据,从而不能与基站建立联接,手机表现为搜索网络无信号、无服务系统等现象.

【探索思考】

1. 宇宙间的信息传递为什么必须用电磁波?

2. 高频天线为什么有时做成空心的?

第5章 光 学

一、光的反射和折射

5.1 光学分形

【实验内容】了解分形学的基本知识.

【实验原理】分形是一种具有自相似特性的现象、图像或者物理过程. 在分形中,每一组成部分都在特征上和整体相似. 除自相似性以外,分形具有的另一个普遍特征是具有无限的细致性. 无论放大多少倍,图像的复杂性依然丝毫不会减少,但是每次放大的图形却并不和原来的图形完全相似,即分形并不要求具有完全的自相似特性. 实验装置由四个互成一定角度的梯形反射镜,对同一个图案进行多次反射成像,构成一个复杂的半球形,体现分形的基本概念,如图 5.1.1 所示. 自然界存在众多的分开结构,图 5.1.2 中列举了几种.

图 5.1.1 光学分形

图 5.1.2 自然界分形奇观

【实验方法】

1. 顺着外部光源通过仪器的玻璃面向内观察,可以看到由许多相似图形组成的半球面.

2. 打开仪器本身的电源,可以看到组成半球面的每一部分的图形都在发生同步变化.

【注意事项】小心仪器玻璃表面,以免损坏.

【探索思考】

1. 在你的周围有哪些现象和物体属于分形,它们有什么共同特征?

2. 分形在哪些方面加深了你对现实世界的理解?

3. 对于一个复杂图形或者复杂系统,分形是有效的描述工具,它有哪些新的描述方法和基本参数?

5.2 普氏摆

【实验内容】利用光衰减镜使进入人眼的物光产生光程差,从而感觉出物体的立体感.

【实验原理】人之所以能够看到立体的景物,是因为双眼可以各自独立看景物. 两眼有间距,造成左眼与右眼图像的差异称为视差,人类的大脑很巧妙地将两眼的图像合成,在大脑中产生有空间感的视觉效果. 在这个实验中,所用的光衰减镜引起相位延迟,使分别进入两只眼睛的物光产生光程差,从而感觉出物体的立体感.

【实验方法】

1. 如图 5.2.1 所示,拉开摆球,使其在两排

图 5.2.1 普氏摆

金属杆之间的一个平面内摆动,站在普氏摆正前方位置观察球摆动的轨迹.

2. 戴上光衰减镜再观察摆球的轨迹,发现摆球按椭圆轨迹转动。

3. 将光衰减镜反转 180°,再观察,发现摆球改变了转动方向.

【注意事项】

1. 摆球的摆动平面尽量在两排金属杆的中间,避免与金属杆相碰。

2. 观察时双眼均要睁开.

【探索思考】为何光衰减镜反转 180°后摆球会改变转动方向？该方向是固定的吗?

 ## 5.3 光瞳实验

【实验内容】了解几何光学系统的有效光阑,入射光瞳和出射光瞳的位置.

图 5.3.1 光瞳演示仪

【实验原理】图 5.3.1,图 5.3.2 分别为光瞳演示装置及其相应的光路图. L 是由两个薄透镜组成的光学系统,图中只画一个透镜;AB 是与光学系统共轴的实际光阑,其孔径是连续可调的,它对光束限制最大,是所有光束的公共截面,是本系统的有效光阑;P 或 Q 是小灯泡,作为点状发光物,它可通过把柄,在以 AB 为中心的轨道 MN 上,上下移动;$M'N'$

是烟箱,它能显示出光束的横截面. 通过烟箱显示出,被光阑 AB 限制的物像两方的光束也跟着同步摆动. 在摆动过程中,始终有一个位置的光束横截面静止不动,它正是有效光阑 AB 所成的像 $A'B'$. 将上半沿带有红色滤光片,下半沿带有绿色滤光片的遮光罩盖在有效光阑 AB 上,通过烟箱显示下沿 A' 为红色,上沿 B' 为绿色. 由此可见,$A'B'$ 就是 AB 的像,此像就是像方光束所具有的公共截面,它就是出射光瞳的位置.

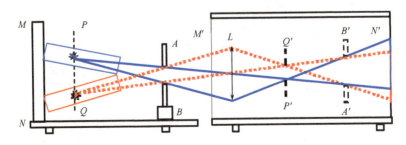

图 5.3.2 光瞳原理

【实验方法】

1. 在烟箱内点燃一炷香,盖上箱盖,产生烟雾.

2. 调节光阑 AB 的孔径大小,从烟箱所显示出的光束横截面的变化,可以看到它在该系统中对光束截面限制最大,故光阑 AB 就是有效光阑.

3. 使发光物点 P 借助于轨道 MN,以有效光阑 AB 的圆心为支点上下往复摆动,观察光路变化.

【注意事项】

1. 切勿打开仪器上方的盖子,以防烟从中逸出.

2. 调节光瞳大小要小心,不要损坏调节装置.

3. 不要用手触摸光学透镜的表面.

【探索思考】两个凸透镜组合的复合透镜与一个凸透镜有何区别?

5.4 光学幻影

【实验内容】观察凹面镜成像原理.

【实验原理】实验装置如图 5.4.1 所示.在仪器的后部有一面凹面镜,在凹面镜的前方焦点和球心之间倒悬着与电机轴连接的鲜艳的红色花朵,观察者看到的图像就是这个物体在球心外所成的放大的实像.其成像光路如图 5.4.2 所示,T 为物点,T' 为像点.球面镜成像的四条主要光线:第一条,平行于主轴的近轴光线 1 反射后通过焦点;第二条,通过焦点的近轴光线 2 反射后平行于主轴;第三条,通过球心的光线 3 按原路返回;第四条,通过主轴与球面的交点(V)的光线 4,其反射光线与主轴的夹角和入射光线与主轴的夹角相等.从图中可以看出,物体 ST 位于球面镜的焦点和球心之间,它的像在球心之外,且是物体放大的倒立的实像 $T'S'$.

图 5.4.1 光学幻影装置图

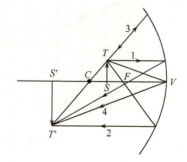

图 5.4.2 光学幻影原理图

【实验方法】

打开电源即可观察到一朵旋转着的美丽的红花,伸手触摸红花,发现并没有实物,从不同的角度观察,红花的形状稍有不同.若用双眼观察红花时会感觉到图像不够清晰,且目眩头晕,此时可闭上一只眼,则可看到较为清晰的图像,头晕症状有所减轻.

【注意事项】

1. 观察前请接通电源.

2. 不可将手或其他器物伸进窗口太深,以免损坏反射球面.

【探索思考】

1. 为什么观察时只用一只眼睛就能看到更加清晰的图像,且可以减轻头晕?

2. 如果物体放在焦点和球面镜之间,将如何成像? 虚像还是实像? 放大还是缩小? 正立还是倒立? 如何确定球面镜的焦点位置?

5.5 海市蜃楼

【实验内容】了解光的折射和扩散.

【实验原理】海市蜃景依成像方位不同常分为上现蜃景和下现蜃景.其原理都是光线透过不均匀介质时,由于折射率不同造成光线弯曲,使观察者看到的景物上浮或下浮.上现蜃景常出现在海面上,下现蜃景大都出现在热季的沙漠上.

【实验方法】

1. 实验装置如图 5.5.1 所示.在右侧储水池内注入 2/3 饱和盐水,然后在盐水面上铺一层塑料薄膜,轻轻地在薄膜上注入清水,待水面平稳后,抽去薄膜,可看到一个明显的分界面.

图 5.5.1 海市蜃景实验装置

2. 在左侧储水池中注入清水,两个水池水面要尽量的平齐,观察者头部上下左右移动,选择合适的观察位置,分别透过两个储水池观察景物模型,发现透过盐水池观察到的景物模型明显上浮.

3. 用激光笔照射盐水池的一端(尽量置于清水和盐水的过渡层处),从另一端观察该光线,发现光线明显地向下弯曲.

【注意事项】

1. 注水要在使用前 3 天左右,以便形成清水和盐水的过渡层,这是形成景物上浮的条件.

2. 待清水和盐水的过渡层消失(大约 3~4 周),需重新注入盐水和清水,如步骤 1.

3. 随着过渡层的下移,适当调节景物模型的高低,以达到最好的观察效果.

4. 储水池中约有 20kg 水,小心操作,以免碰碎玻璃.本实验以观察为主,无需调整.

【趣味拓展】自然景象:海市蜃楼

在平静无风的海面航行或在海边了望,往往会看到空中映现出远方船舶、岛屿或城廓楼台的影像;在沙漠旅行的人有时也会突然发现,在遥远的沙漠里有一片湖水,湖畔树影摇曳,令人向往.可是当大风一起,这些景象突然消逝了,原来这是一种幻景,通称海市蜃楼,或简称蜃景.

我们知道,当光线在同一密度的均匀介质内传播时呈直线,但当光线倾斜地由一种介质进入另一种不同的介质时,光线发生曲折,这种现象叫做折射.

空气本身并不是均匀介质,在一般情况下,它的密度是随高度的增大而递减的,高度越高,密度越小.在夏季,白昼海水温度比较低,特别是有冷水流过的海面,水温更低,下层空气受水温影响,比上层空气更冷,所以出现下冷上暖的反常现象(正常情况是下暖上凉).下层空气本来就因气压较高,密度较大,现在再加上气温又较上层更低,密度就显得特别大,因此空气层下密上疏的差别异常显著.

假使在东方地平线下有一个建筑物,一般情况下是看不到它的.如果由于这时空气下密上疏的差异太大了,来自建筑物的光线先由密的气层逐渐折射进入疏的气层,并在上层发生全反射,又折回到下层密的气层中来,经过这样弯曲的线路,如

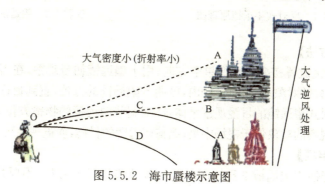

图 5.5.2 海市蜃楼示意图

图 5.5.2 所示,最后投入我们的眼中,我们就能看到它的像.由于人的视觉总是感到物像是来自直线方向的,因此我们所看到的建筑物映像比实物是抬高了许多,所以叫做上现蜃景.

【探索思考】绘出分层不连续密度时的光折射光路,并讨论密度上密下疏和下密上疏的情况.

 5.6 天文望远镜

【实验内容】熟悉天文望远镜的使用并利用它来观察天体.

【实验原理】望远镜按其结构可以分为折射式、反射式、折反式三类.反射式望远镜最早由牛顿发明,其物镜是旋转抛物面反射镜,没有色差和球差;凹面上镀有铝反光膜.反射望远镜镜筒较短,而且易于制造更大的口径,所以现代大型天文望远镜几乎无一例外都是反射结构,原理示意图如图 5.6.1 所示.

反射望远镜除了主物镜外,还装有一个或几个小的反射镜,用来改变光线方向便于安装目镜.来自遥远星体的平行光线经旋转抛物面反射后,应汇集成像在焦点 f 位置,由于平面镜 d 的作用,实际成像位置是相对于平面镜对称的位置.经平面镜反射后的光线进入目镜,我们就能观察到遥远的星球了.如图 5.6.2 所示.

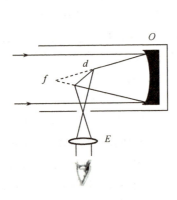

图 5.6.1   反射式望远镜原理图

图 5.6.2   望远镜

【实验方法】

将望远镜放置在要观察的星空方向,用小望远镜初步观察,在当前星空范围内寻找需要观察的对象;若不在视场内,可调节望远镜的方位,直到目标对象进入视场内;通过反射式望远镜的目镜观察星体,仔细调节望远镜的物镜方位调节机构,准确定位,使要观察的对象位于视场中央;调整望远镜的目镜,使被观察物体成像清晰.

【注意事项】

1.只能使用望远镜本身的调节系统调节望远镜的方位,不要强行用力调节,以免损坏机械调节系统.

2. 不能用手触摸望远镜的光学镜面和镜片,以免划伤光学系统.

3. 如果您的眼睑或手指触到目镜,要用专用镜头纸轻轻擦试目镜,以防出现模糊的图像.

【兴趣拓展】 望远镜史话

17 世纪初的一天,荷兰密特尔堡镇一家眼镜店的主人科比斯赫(Kebisihe)为检查磨制出来的透镜质量,把一块凸透镜和一块凹镜排成一条线,通过透镜看过去,发现远处的教堂的塔好像变大而且拉近了,于是在无意中就发现了望远镜原理. 1608 年他为自己制作的望远镜申请专利,并遵从当局的要求,造了一个双筒望远镜. 望远镜发明的消息很快在欧洲各国流传开.

意大利科学家伽利略得知这个消息之后,也自制了一个. 他的第一架望远镜只能把物体放大 3 倍,一个月之后,他制作望远镜可以放大到 20 倍. 伽利略用自制的望远镜观察夜空,第一次发现了月球表面高低不平,覆盖着山脉并有火山口的裂痕. 此后又发现了木星的 4 个卫星、太阳的黑子运动,并作出了太阳在转动的结论.

几乎同时,德国的天文学家开普勒也开始研究望远镜,他在《屈光学》里提出了另一种天文望远镜,这种望远镜由两个凸透镜组成,与伽利略的望远镜不同,比伽利略望远镜视野宽阔,但开普勒没有制造他所介绍的望远镜. 沙伊纳(Scheiner)于 1613~1617 年间首次制作出了这种望远镜,他还遵照开普勒的建议制造了有第三个凸透镜的望远镜,把二个凸透镜做的望远镜的倒像变成了正像. 沙伊纳共做了 8 台望远镜,一台一台地去观察太阳,无论哪一台都能看到相同形状的太阳黑子,因此,他打消了不少人认为黑子可能是透镜上的尘埃引起的错觉,证明了黑子确实是观察到的真实存在.

使用物镜和目镜的望远镜称为折射望远镜. 荷兰的克里斯蒂安•惠更斯 (Christiaan Huygens)为了提高望远镜的精度,在 1665 年做了一台筒长近 6m 的望远镜,来探查土星的光环,后来又做了一台将近 41m 长的望远镜. 即使加长镜筒,精密加工透镜,也不能消除色像差. 1668 年英国科学家设计了反射式望远镜,解决了色像差的问题. 第一台反射式望远镜非常小,望远镜内的反射镜口径只有 2.5cm,但是已经能清楚地看到木星的卫星、金星的盈亏等. 1672 年,牛顿做了一台更大的反射望远镜,送给了英国皇家学会,至今还保存在皇家学会的图书馆里.

【探索思考】

1. 请了解当前世界天文望远镜的现状.

2. 什么是色差? 什么是球差? 反射式望远镜为什么能消除色差和球差? 反射式望远镜光路中是否有实像,可否安装测距或瞄准分划板用来测量距离?

5.7　真实的镜子

　　【实验内容】观察自己的正像.

　　【实验原理】这是一面真实的镜子,又称为"别人眼中的你",主要是应用平面镜反射的原理,观察者会看到自己的正像.

　　【实验方法】如图5.7.1所示,观察者站或坐在镜子正前方,举起右手或左手,分别观察镜子里的像和一般平面镜成像的差别.

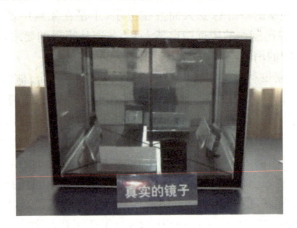

图 5.7.1　真实的镜子

　　【注意事项】注意不要碰触玻璃.

　　【探索思考】请画出真实镜子的成像光路图.

5.8　人造火焰

　　【实验内容】了解光的透射和反射.

　　【实验原理】炭火的形成装置如图5.8.1所示.仪器下部是由半透明的材料制成的炭火造型,由于不同厚度的炭火模型各位置透光不同,在其下部的灯光照明下,较薄的地方显得火红,较厚的地方显得暗淡.火苗的形成:为了使火苗从炭火堆中串出,在炭火模型的后面放置一面反射镜,上面刻有火苗状的透光缝,炭火模型与其镜中的像形成对称结构,中间形成一条透光缝,在缝的下部有一根横轴,轴的四周镶满不同反射方向的小反光片.光源的光照到反光片上,随着轴的转动,光被随机地反射出来,让观察者感到好象有火苗存在.

　　加热原理:在装置的上部有两组电热丝加热器,其后面安装一个吹风机,两组电热丝分别控制.当电热丝通电后,吹风机同时开启,吹出热风.

图 5.8.1　人造火焰外观

【实验方法】将装置上部的挡板向下翻打开,再将电源打开;观察到视窗内似有熊熊的火焰在燃烧;打开加热器开关,还会有热风吹出,就像一个逼真的火炉.

【注意事项】

1. 不要打开仪器的加热开关和调节温度,如果打开,小心被烧伤.

2. 如果发现无热风吹出,应立即关闭加热开关.

3. 在无人看守的情况下,禁止开启加热器,以免造成火灾.

【探索思考】如果用双面镜反射,会出现什么效果? 哪种双面镜放置方式的效果最好?

 ## 5.9　窥视无穷

【实验内容】了解光的透射和反射.

【实验原理】光路原理如图 5.9.1 所示.观察窗口的一侧镶有半透半反玻璃,另一侧镶有反射镜. 这样,二者都会对一个光点进行多次反射,在观察者看来,就会有许多个光点由近及远地排开. 光点的颜色和运动是受到电路的控制,增加了趣味性. 由反射定理可知,反射角等于入射角,反射光线、入射光线和法线在同一平面. 根据平面镜成像的特点:正立虚像,物与像对称(像与物等大、等距)分列镜的两侧. 而半透半反镜的特点是:透射光线强度等于反射光线强度.

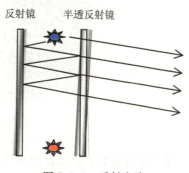

图 5.9.1　反射光路

图 5.9.2　窥视无穷

【实验方法】如图 5.9.2 所示. 将左侧面的电源开关打开, 将观察到转动的无穷深远的光点, 且其颜色也在不断的变化.

【注意事项】

1. 请勿频繁开关电源.

2. 玻璃膜与玻璃镜均需小心保护, 以防破碎.

【探索思考】为什么装置外面的人或物体不形成多次反射? 多次反射在家居生活中有什么应用?

 **5.10　分光计**

【实验内容】学会使用分光计并理解光栅、光谱等内容.

【实验原理】分光计是精确测定光线偏转角的仪器, 棱镜分光计原理如图 5.10.1 所示, 包含不同波长的光经过棱镜后依次散开, 便于进行光谱分析. 分光计可以用于测量材料的折射率、光源的光谱, 在光谱学、材料特性、偏振光的研究、棱镜特性、光栅特性的研究中都有广泛的应用. 在载物台上可以放置棱镜或光栅, 分别构成棱镜分光计和光栅分光计. 光栅分光计以光垂直照射在光栅面上, 透过各狭缝的光线因衍射将向各个方向传播, 经透镜会聚后相互干涉, 并在透镜焦平面上形成一系列被相当宽的暗区隔开的、间距不同的明条纹.

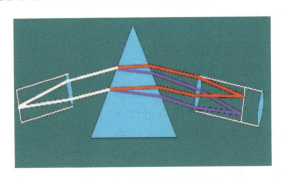

图 5.10.1　棱镜分光计原理

【实验方法】实验装置如图 5.10.2 所示. 按步骤调节好分光镜后, 把光栅放置于载物台上, 单色光入射到光栅上, 旋转望远镜在不同的位置可以看到各级分立的谱线.

【注意事项】

1. 拿取光栅时要避免接触到光栅的光学面, 如发现有灰尘应用擦镜纸擦拭.

图 5.10.2 光栅分光计

2. 调节平行光管狭缝宽度时注意不要使其闭合,以免狭缝损坏.

3. 圆游标刻度盘读数时要注意是否经过零刻度线.

【探索思考】为什么分光计要有两个圆游标? 读取两游标的读数为什么能消除偏心差? 计算角度时,应特别注意什么?

5.11 双曲面成像

【实验内容】了解双曲面镜的光学成像原理.

【实验原理】将两个曲面镜相对形成上下结合的光学碗,再将实物放置于碗底部,物体的像将呈现在空中,给人以看得见,摸不着的感觉.光路如图 5.11.1 所示.

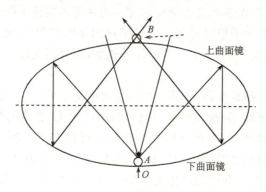

图 5.11.1 光路示意图

在下曲面镜曲率中心 A 的位置,球面反射镜中心轴的下方,倒置一物体,则在上曲面镜曲率中心 B 的位置、反射镜中心轴的上方会产生一与物体同样大小的、正立的实像.这是因为曲率半径的长度为 2 倍焦距,根据几何光学原理中球面反射镜或凸透镜的成像规律,当物距为 2 倍焦距时,则像距也为 2 倍焦距,物与像大小相同,但是上下左右颠倒,这就是双曲面镜成像原理.

【实验方法】装置如图 5.11.2 所示,在下曲面镜曲率中心的位置放一个物体,放物体过程中绝对不能用手触摸或用毛巾等擦拭反射镜表面.

图 5.11.2　曲面镜

【注意事项】
1. 不可以将其打开.
2. 手不可触摸双曲面镜镜面.

【趣味拓展】万花筒

1816 年,苏格兰物理学家大卫·布鲁斯特(David Bruster)爵士发明了万花筒.布鲁斯特主要从事光学和光谱研究,一次,他在用多面镜子研究光的性质时,看到了几面相对放置的镜子里经过多次反射呈现出来的景象,便放了一些花纸在镜子组成的空腔里.结果,他看到了一些对称的图案,而且每变动一下花纸的位置,图案就会变换一次.

为了能使图案不断地变换,他将三面成角度的镜子放在一个圆筒里,再将花纸放在筒端的两层玻璃间.随着三角镜中镜子的角度变化,影像的数目也随之变化,影像重叠后形成各种图案,不停地转动万花筒就可以看到不断变换的图案.就这样,他制作出了只要轻轻转动就能看到不同图案的万花筒.万花筒在一夜之间便获得了意外的成功,这个一动就能产生美妙图案的小东西,算得上是当时的"电视机"了.更有意思的是,一旦某个图案消失了,要转动几个世纪才能出现同样的组合,因此每一瞬间都值得欣赏,每一秒都值得珍惜!

【探索思考】双曲面反射镜用焦平面成像,通常被运用于天文望远镜以及其他需要宽反射面和照相效果良好的光学系统上,请解释.

5.12　同自己握手

【实验内容】观察凹面镜成像.

【实验原理】如图 5.12.1 所示,仪器内装有一个凹面反光镜,当表演者站在镜前远近不同的位置时,可看到在不同光轴位置时的成像效果.当表演者的手放在光轴二倍焦距处时,其影像和手重合,似同自己握手,十分直观和形象.

【实验方法】

1. 表演者站在镜前不同位置,观看成像远近的变化.

2. 当走近并把手伸向反光镜时,手将与影像重合,象同自己握手一样.

【注意事项】保持室内合适的光照,避免镜前物体过多影响观察效果.

【探索思考】日常生活中有哪些常见的凹面镜应用实例?

图 5.12.1　同自己握手

 5.13　光岛

【实验内容】利用激光演示一组几何光学现象.

【实验原理】装置如图 5.13.1 所示.展台上的光源如同一海岛立于中心,发出各种光束.可用透镜、反射镜、棱镜和滤色片来演示光的折射、反射、白光分解和色光重叠现象.分别把凹凸透镜和曲面反射镜放在白光光路中,观察光线的发散和汇聚.把一块平面反射镜立在一束红光光路中,转动镜子让红光反射到白板上.用同样的方法,让绿光也反射到白板上,观察色光重叠的结果.重叠蓝光和红光,蓝光和

图 5.13.1　光岛

绿光,看看有什么规律.将手指放在距白板上两、三种色光重叠的区域之前几厘米的地方,观察白板上的彩色阴影.在一束白光光路上,缓慢旋转三棱镜,就会看到棱镜色散所形成的扇形彩虹.把各种滤色片分别放置与白光、红光、绿光和蓝光的光路中,观察何种色光被阻挡住了.

　　【实验方法】直接按动电源,自动旋转.

　　【注意事项】不要长时间按住电源开关.

　　【探索思考】海水常呈现蓝色,主要原因是什么?

二、光的干涉

5.14　杨氏双缝干涉实验

　　【实验内容】观察单色光通过双狭缝后,在显示屏上形成的干涉图样.

　　【实验原理】满足振动方向相同、振动频率相同、相位差恒定的两束光称为相干光.激光因为具体较好的相干性常用作光学实验光源.当两束相干光重叠时,在重叠区会形成稳定的、不均匀的光强分布,这种现象称为光的干涉,如图 5.14.1.在显示屏上可以看到一系列稳定的、明暗相间的、等间距的且与狭缝平行的条纹,称为干涉条纹,如图 5.14.2 所示. D 为狭缝到显示屏的距离, d 为两狭缝之间的中心距离.相邻两亮纹(暗纹)间的距离为 $\Delta x = \dfrac{D}{d}\lambda$,条纹等间距分布与级数无关.

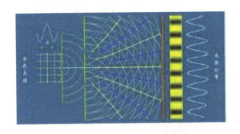

图 5.14.1　双缝干涉示意图

图 5.14.2　双缝干涉条纹

　　【实验方法】

　　本实验所用装置为综合光学实验仪,如图 5.14.3 所示.该仪器所用光源为氦氖激光光源,属气体激光器,工作最大功率为 6mW,可演示衍射、干涉、光栅及牛顿环等多种波动光学现象.

　　把双缝屏固定在演示器件夹上,打开激光电源,使其对中双缝.调节双缝位置(上下左右均可调),使激光束对准双缝,在观察屏上即可看到双缝干涉图样.

图 5.14.3　综合光学实验仪

当把激光束对准不同缝宽和缝距的双缝时,干涉图样将会发生变化,当缝距 d 变大时,条纹间距 Δx 变小,条纹分布变密;当狭缝的宽度增大时,条纹对比度随之降低.

【注意事项】眼睛不要直接对着激光电源光束,以免损伤眼睛.

【探索思考】是否可以利用双缝干涉测量钠光波长?

5.15　帘式皂膜

【实验内容】观察大面积薄膜干涉.

【实验原理】皂液薄膜在重力的作用下,形成上薄下厚的劈尖膜. 当光垂直入射到这种薄膜表面上时便会形成干涉条纹.

薄膜刚形成时,其整体厚度几乎均匀的,这时几乎观察不到横向的干涉条纹. 由于薄膜厚度局部并不均匀,所以局部存在不规则的条纹. 在重力场的作用下,薄膜开始变为上薄下厚,此时横向干涉条纹逐渐形成,如图 5.15.1 所示.

【实验方法】

1. 皂液的配制:10 : 1 的清水与洗洁净加少许甘油.

2. 用手向下缓慢拉动绳子,将横向拉杆缓慢提起,在皂液和横杆之间便会形成皂液薄膜. 横杆提起高度在皂膜不破裂的条件下应尽量提高,扩

图 5.15.1　帘式皂膜

大皂膜面积,方便观察. 如果皂膜破裂,可以重复上述操作.

3. 在射灯的照射下,皂膜上面形成干涉条纹. 从不同角度观察皂膜上的干涉条纹,在条纹最清晰的视角上仔细观察皂膜上下的条纹形状、颜色和条纹变化过程.

4. 仔细观察皂膜形成到皂膜破裂过程中皂膜上干涉条纹的变化,比较开始和最后的干涉条纹间的差异.

【注意事项】

1. 向上拉动横向拉杆时要缓慢，以利于皂膜的形成．

2. 放回横向拉杆时也要缓慢，以免横向拉杆接触皂液时将皂液溅出．

3. 检查拉绳是否在滑轮上和横向拉杆与两边（竖直）滑柱之间是否滑动自由．

【探索思考】 当皂膜干涉条纹稳定后，为什么上部几乎无彩色条纹，而下部则有？为什么皂膜的下部条纹呈横向分布？根据横向条纹间距变化，薄膜厚度将呈怎样的分布？

5.16　台式皂膜

【实验内容】 观察薄膜干涉与表面张力．

【实验原理】 表面张力使薄膜表面趋于表面积最小，具有很好的对称性，并且使薄膜厚度变薄．在薄膜厚度变化过程中，薄膜的对称性保持不变，但面积收缩.

图 5.16.1　台式皂膜

光线入射到薄膜表面，经薄膜上下表面反射的光在薄膜上表面叠加形成干涉，或经薄膜上下表面反射的光到薄膜透射侧叠加也形成干涉．由于反射光与透射光的光程差相差半个波长，所以反射光干涉极大时透射光干涉极小．当光束垂直入射在等厚薄膜表面，干涉极大发生在某个波长上，观察得到的干涉是单色的．例如，白光入射时红紫色反射极大，而蓝绿色透射极大，如图 5.16.1 所示．

当光入射到厚度不等的薄膜上时，不同厚度处引起的光程差不同．因此，反射或透射干涉形成条纹，同一厚度处的干涉对应同一级条纹，相邻两级条纹所对应的厚度差为 $\lambda/2n$（n 为皂液的折射率）．

【实验方法】

1. 皂液的配制：10：1 的清水与洗洁净加少许甘油．

2. 手提金属框架的挂夹，将金属框架缓慢放入皂液至全部浸入其中，再缓慢将金属框架提出皂液，在金属框架上就会形成对称性很好的皂膜．

3. 框架皂膜在白炽灯下显现出薄膜干涉的彩色条纹．由于重力的作用，皂膜为不等厚薄膜，干涉条纹为横向彩色，不同框架结构的薄膜条纹走向是不同的．

【注意事项】 不要用手接触金属框架，以免油污影响皂膜的形成，影响表面张力的对称性．

【探索思考】

1. 在光学透镜前的镀膜有何作用？镀膜眼镜为何呈红紫色？

2. 不等厚膜的反射侧和透射侧的干涉也互补吗？

3. 当薄膜厚度为零时，干涉条纹的极大或极小由什么决定？怎么根据条纹的间距变化判断薄膜厚度的变化？

5.17　劈尖干涉

【实验内容】观察劈尖干涉现象.

【实验原理】劈尖干涉原理如图 5.17.1 所示，由上下两块玻璃之间形成空气劈尖，空气劈尖上下两面的反射光叠加形成等厚干涉条纹，相邻两条纹（明纹或暗纹）间空气膜厚度之差为 $\lambda/2$，级数差为 Δk 的两条暗纹（实验中用暗纹）间空气膜厚度之差为 $\Delta d = \Delta k\lambda/2$，这两条暗纹间的水平距离为 x，由几何关系可求出劈尖夹角 $\tan\theta = \Delta d/x$.

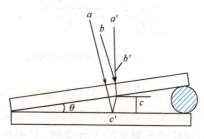

图 5.17.1　劈尖干涉原理图

【实验方法】装置如图 5.14.3 所示. 在激光器与劈尖之间加发散镜，使发散后的光射在劈尖上，在观察屏上即可看到反射光（透射光）的等厚干涉条纹.

【注意事项】本实验采用激光仪器，注意不要用眼睛正对光源，以免伤害眼睛.

【探索思考】

1. 改用不同 θ 或不同 n 的劈尖，条纹如何变化？

2. 如何利用劈尖干涉测工件的平整度及细丝的直径？并进行实际的估算.

3. 透射光的干涉图样与反射光的情况有何区别？

5.18　牛顿环

【实验内容】观察牛顿环干涉现象.

【实验原理】牛顿环是一种劈尖干涉现象，其干涉图样是一些明暗相间的同心圆环.

用如图 5.18.1 所示，一个曲率半径很大的凸透镜的凸面和一平面玻璃接触，平面玻璃与平凸透镜的接触点为 O，在 O 点的四周则是平面玻璃与凸透镜所夹的空气气隙. 当平行光垂直入射于凸透镜的平表面时，在空气气隙的上下两表面的反射光形成干涉. 在日光下或用白光照射时，可以看到中心点为一暗斑（这是半波损失所致），其周围为一些明暗相间的同心彩色圆环，其干涉花样如图 5.18.2 所示；而用单色光照射时，则表现为一些明暗相间的单色圆环. 这些圆环的间距不等，呈内疏外密之势.

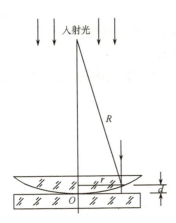

图 5.18.1　牛顿环原理图

图 5.18.2　白光牛顿环干涉花样

【实验方法】实验装置如图 5.14.3 所示.用扩束镜将激光扩束,调节牛顿环的位置使光正好照射在牛顿环上,就能观察到牛顿环的透射光的干涉条纹.如要观察牛顿环的反射光的干涉条纹,只要将构成牛顿环的平面玻璃换成平面反射镜,然后用激光照射,在反射光路中放上观察屏,即可看到牛顿环的反射光的干涉条纹(可比较反射光干涉条纹与透射光干涉条纹的不同).

【注意事项】注意安全使用激光器,经常用擦镜纸擦洗镜面,避免沾染泥污.

【探索思考】

1. 如何利用牛顿环的半径估算平凸透镜的曲率半径 R?

2. 如何利用牛顿环测定光波的波长?

3. 在加工光学元件时,广泛采用牛顿环的原理来检查平面或曲面的面型准确度.怎样检测?

5.19　散射光干涉

【实验内容】了解分振幅等倾干涉.

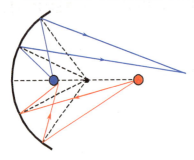

图 5.19.1　光路示意图

【实验原理】点光源发出的光为球面光波.当点光源在球形凹面镜的球心时,所有光线从球面反射后在光源点处会聚,此时观察不到干涉条纹;当点光源偏离球面的球心时,各个方向的光经凹球面反射后便会相交,在交叠区域可形成干涉条纹.如图 5.19.1 所示,当光源在球面的水平直径上偏离球心时,无论是光源靠近球面还是远离球面,都可以产生干涉现象.

光经过凹球面时,少部分光折射、大部分

光反射,光的强度或振幅被分为折射分量和反射分量,因此称为分振幅法.与球面法线有相同入射角的入射光和反射光构成圆锥面,其交线(光的叠加点)为同心圆,所以干涉条纹为同心圆环状.这种具有相同倾角的光经反射后产生或者极大,或者极小的干涉条纹称为等倾干涉.干涉极大(明纹)或极小(暗纹)决定于两光束的光程差.

【实验方法】如图 5.19.2 所示.接通光源的电源,调整光源位置,观察干涉条纹.光源应在竖直凹球面的水平对称轴上前后调整,观察干涉条纹的距离远些效果较好,视点高度以视线水平为佳,干涉条纹为同心的彩色圆环,如图 5.19.3 所示.

图 5.19.2　散射光实验仪

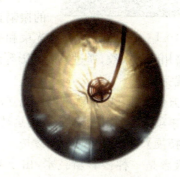

图 5.19.3　干涉环

【注意事项】

1. 请勿长时间观察干涉条纹,以免眼睛疲劳.

2. 点光源射灯温度较高,调整时小心烫伤.

3. 调整光源时不要用力过猛,以免损坏机械柔性管或金属部件.

【探索思考】

1. 进一步讨论光源在球面球心或者偏离球心时的光路.

2. 单色光入射时的干涉条纹的强度分布如何?

3. 观察白光彩色光谱的疏密变化规律,判断同一级内的彩色圆环色彩变化规律,测量各级光谱间距以确定球面半径.对于凸球面反射时的情况如何?

5.20　360°白光全息图

【实验内容】通过观察激光三维全息图,使学生初步了解全息照相的相关知识.

图 5.20.1　旋转全息仪

【实验原理】普通照相在底片上成的是平面图像,黑白照片则只记录了光强差别,彩色照片也只记录了物体上各点反射光的强度和频率.实际物体上各点发出来的光不但强度有差别,而且相位也不同.全息照相就是一种既记录反射光的强度、频率,又记录反射光的相位的照相术,这种照相术记录了物体立体成像的全部信息,所以称为全息照相.全息照相是应用光的干涉原理,选择相干性极好的激光作光源,激光器发出的激光被分成两部分:一部分照射到被摄物体,反射后射向感光板(物光);另一部分直接射到感光板(参考光).待摄物体上反射过来的光具有不同的振幅和相位,反映着待摄体各部分的信息,物光束和参考光束在感光板上发生干涉,在感光板上形成明暗相间的条纹,通过显影定影等处理,将条纹固定在感光板上,于是,一张全息照片就完成了.

【实验方法】打开电源就可以再现立体图像,如图 5.20.1 所示.

【注意事项】因为白光较强,不可运转过久.

【趣味拓展】全息摄影与全息防伪

全息摄影是一种摄影新技术,由于它能够记录景物反射光的振幅和相位,所以照片看上去极具三维层次感.更神奇的是,这种照片的信息量相当 100 张或 1000 张普通照片,因而照片上的图像可以随观察角度而变化.全息立体照片的拍摄及合成成本极高,所以一般人对这种照片只能"望价兴叹".

新的全息防伪标签将要记录在高速的光学系统中,它可以在不到一秒钟的时间内从计算机制版产生三维、多色彩的全息图像,"一步"全息立体图技术使其变得可能.虽然这些标签的材料和记录体系中使用了一些安全方法,但最大的安全因素是在全息图像中加入了隐藏的签名.由于每个全息图都是在动态背景下制作的,所以都具有独特性,可追踪签名,如图 5.20.2 所示.

图 5.20.2　全息防伪照片

【探索思考】立体电影的成像与全息照相的成像原理相同吗?

5.21　动感透射全息图

【实验内容】欣赏动感全息照片，了解动感投射全息技术.

【实验原理】普通照相是记录了光的强度，因此影像是平面的；而全息照相不仅记录光强度，还记录了光的相位，因此影像是立体的，影像与物体完全一样.结合影像合成技术在一幅全息图中可记录很多的图像，这样的图像会产生动感.物光束经过处理也投射在感光底片的同一区域上，在感光底片上，物光束与参考光束发生相干叠加，形成干涉条纹，这就完成了一张全息图.白光照射下，观看者移动观看角度，可以看到一幅动态立体的画面.

图 5.21.1　动感透射全息仪

【实验方法】

1. 如图 5.21.1 所示，将参考光束照到全息图上.

2. 观察者移动就可以看到动态的淘金者淘金的过程.

【注意事项】实验过程中，尽量不要碰触仪器.

【探索思考】利用了什么合成技术？怎样实现分光？

三、光 的 衍 射

 5.22　单逢衍射

【实验内容】观察单缝的夫琅禾费衍射现象.

【实验原理】光的衍射是指光在传播路径中遇到障碍物时，将偏离直线传播方向，并且产生光强的重新分配.单缝衍射如图 5.22.1 所示，中央亮纹光强最大，集中了绝大部分光能，而各级亮纹的亮度随着级数的增大迅速减小.当波长不变时，中央亮纹的宽度与缝宽成反比，这一关系又称为衍射反比律.缝越窄，衍射越显著；缝越宽，衍射越不明显.缝很大时，衍射现象难以观察，即光是沿直线传播的.

【实验方法】装置如图 5.22.2 所示.将单缝夹在演示器件夹具上，调节单缝的位置（上下左右均可移动），让激光照射在单缝的正中央，这时在屏上即可看到单缝衍射图样.取下单缝，换上可调狭缝，即可观察缝宽对单缝衍射图样的影响.当缝宽 a 变小时，中央明纹变宽，且衍射图形向两旁扩展；缝宽 a 变大，中央明纹变窄，衍

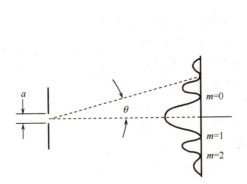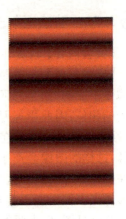

图 5.22.1　单缝衍射原理图及衍射花样

图 5.22.2　综合光学实验仪

射图样向中央收缩. 当缝达到一定宽度,即 $a \gg \lambda$ 时,衍射图样消失.

【注意事项】以中心最亮条纹处开始,结合调整狭缝宽度.

【探索思考】解释单缝衍射图样的动态变化情况和解释单缝衍射图样的光强分布,能利用单缝衍射测光波波长吗?

5.23　圆孔衍射

【实验内容】观察圆孔的夫琅禾费衍射现象.

【实验原理】当平行光波照射圆孔时,屏上任一点的光振动是圆孔上每一点都作为波源激起球面波在该点光振动的相干叠加. 在沿光传播方向圆孔的中轴线上,光强总是极大,偏离中轴线一定角度,子波相干叠加正好相消,则出现第一级暗纹,由于圆孔激起子波的轴对称性,暗纹将是环状的,随着衍射角的增大,可观察到一系列明暗相间的环状条纹,如图 5.23.1 所示. 圆孔衍射的中央亮斑称为艾里斑,这是因为圆孔衍射光斑分布的表达式首先由英国科学家艾里(G. B. Airy)得到的. 艾里斑的半径为 $R = 1.22 \lambda f / d$,其中,f 为透镜焦距,d 为圆孔直径,λ 为光波波长.

【实验方法】装置如图 5.22.2 所示. 将圆孔屏夹在演示件夹具上,调节使圆孔

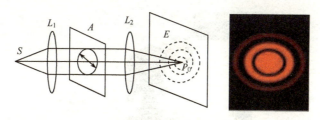

图 5.23.1　圆孔衍射原理及光谱图

和透镜共轴,并使激光束正好照射在圆孔中心,这时观察屏上即可看到圆孔衍射图样,减小圆孔直径,艾里斑增大,衍射环半径增大,反之减小.当孔径增大到一定值,衍射环消失,屏上仅能看到一个圆的激光束亮点.

【探索思考】并讨论光学仪器的分辨率与波长及孔径的关系.

5.24　光学仪器分辨率

【实验内容】了解光学仪器对两个相邻光点的分辨率.

【实验原理】光学仪器的通光口通常为圆孔状,光学仪器的成像遵循几何光学的规律.如果不考虑光的波动特性,适当选择透镜的组合和透镜焦距,总可以实现对任意小的物体进行放大而得到物体清晰的像.但由于光的波动特性,光通过这些圆孔时总会发生衍射.因此,一个光点的像便是一个衍射光斑,艾里斑半径决定于入射光波的波长和透光圆孔的孔径.光学仪器的通光孔径越大,艾里斑就越小,此时光点的像就越清晰,该光学仪器的分辨能力就越强或分辨率越高.

当两个点光源相距较近或距光学仪器较远时,它们通过光学透镜所成的像相距较近,其艾里斑重合超过一半,则称这两个点不可被该光学仪器分辨;当两个点光源相距较远或距镜头较近时,它们像的艾里斑相距较远,重合不到一半或根本不重合,则称这两个光点可以分辨.当两个点光源通过光学仪器衍射后的艾里斑正好重叠一半(即一个艾里斑的中心正好落在另一个艾里斑的边缘)时,光学仪器恰好分辨这两个物体,这就是瑞利判据.

【实验方法】如图 5.24.1 所示.打开日光台灯开关,将其遮光板调成竖直并面向望远镜.距台灯约 3m 处用望远镜观察台灯遮光板上的各对光孔,调整望远镜焦距,注意它们之间的可分辨程度.然后用中心有小孔的镜头盖盖住望远镜的物镜,改变了望远镜的通光口径,再观察各对小孔的可分辨程度变化.

【注意事项】

1. 望远镜的物镜或目镜应保持清洁,需用专用镜头纸擦拭.

2. 调整望远镜焦距时要缓慢移动目镜.

图 5.24.1　分辨率演示仪

【探索思考】

1. 光学透镜的分辨率与什么因素有关？

2. 为什么照相时光圈小或眯着眼睛看景物时感觉更清晰？这是否与光学仪器的通光口径大时分辨率高的结论相矛盾？

3. 医院里化验室的被化验样品常染成什么颜色？为什么？

 5.25　旋转式小孔衍射仪

【实验目的】不同形状或结构的透光器件的衍射图样.

【实验原理】当光通过几何线度与光的波长差不多的透光器件时,便会发生明显的衍射现象. 根据惠更斯-菲涅耳原理,波的传播是同相位波面的传播,波面上无穷多子波向前传播并发生干涉. 衍射图样的形状和条纹间距直接与透光器件的形状和通光情况有关. 当透光器件为孔状,如圆孔或圆盘、三角形孔、正方形孔、六边形孔、八边形孔或双圆孔等,其衍射图样类似圆孔衍射,即同心结构;当透光器件为条状,如单缝或单丝、双缝、一维光栅和二维光栅等,其衍射图样为沿垂直于条状方向散开的条纹或斑点,图 5.25.1 为各种不同障碍物及其衍射花样.

根据衍射图样的对称性与衍射障碍物的形状或结构的关系可以看出,由衍射图样可以分析判断障碍物的形状,这就是利用光的衍射现象进行的结构分析原理.

【实验方法】实验装置如图 5.25.2 所示. 此装置使激光通过衍射屏上不同型状的 12 种缝或孔,分别是:单丝,单缝,三角形孔,正方形孔,六边形孔,八边形孔,圆孔,双圆孔,双缝,一维光栅,二维光栅,圆屏. 它们都使光产生衍射,转动衍射屏,使激光分别垂直通过每个缝或孔,在接收屏上看到各种不同的衍射花纹.

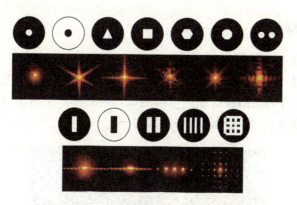

图 5.25.1　各种障碍物及其衍射花样

1. 打开激光器后面的开关,调整激光器的高度和激光束的左右方向,使激光束垂直入射到透光器件的中间位置.

2. 仔细调整每个透光器件的位置,使激光束刚好通过,在衍射图样显示屏上清晰地看到对应的衍射图样,比较它们的衍射图样.

3. 观察并记录各种衍射图样,根据其特征分析透光器件的透光形状或结构.

图 5.25.2　旋转式小孔衍射仪

4. 比较各种不同透光的衍射图样.

【探索思考】

1. 当激光束垂直入射到透光器件上时,反射激光点在什么位置?

2. 反射激光与透射激光有相同的衍射图样吗?为什么?

3. 同样形状的遮光物和透光物衍射图样有何异同?复色光入射时的衍射图样如何?怎样实现条状衍射条纹?怎样测量遮光物的几何线度?

4. 为什么探测晶体结构时要使用 X 射线?

【注意事项】

1. 请勿用眼睛直对激光束,以免损伤.

2. 激光器内部有 4000V 的高压,调整时注意安全.

3. 选择透光器件转盘时,要轻慢.

5.26　光栅衍射

【实验内容】观察光栅衍射花样.

【实验原理】衍射光栅是利用多缝衍射原理使光发生色散的光学元件,它由大量相互平行等宽等间距的狭缝或刻痕所组成,如图 5.26.1 所示.相邻两缝间的距离 d 称为光栅常数,它是光栅的重要参数之一.

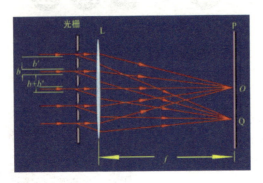

图 5.26.1　光栅干涉示意图

　　光栅有透射式和反射式两种,本实验所用光栅是透射式光栅.当一束平行单色光垂直入射到光栅上,透过光栅的每条狭缝的光都产生衍射,而通过光栅不同狭缝的光还要发生干涉,因此光栅的衍射条纹实质上是衍射和干涉的总效果.光栅光谱的衍射条纹等间距均匀排布,单缝衍射与光栅衍射相比较,其条纹特点是明、锐、细,由于光栅具有较大的色散率和较高的分辨本领,它已被广泛地应用在各种光谱仪器中.

【实验方法】实验装置如图 5.26.2 所示.将光栅屏插入调节架,经调节,使激

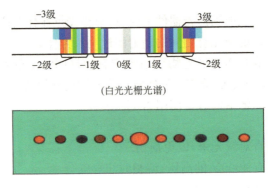

(白光光栅光谱)

(激光光栅光谱)

图 5.26.2　光栅光谱

光分别照在普通光栅和正交光栅上,即可在观察屏上获得清晰的光栅衍射图样.

【注意事项】注意激光器的使用安全.

【探索思考】

1. 光栅衍射常常会出现缺级现象,怎样解释"缺级现象"?

2. 比较由双缝干涉、单缝衍射、牛顿环、迈克尔逊干涉仪、光栅光谱测定波长的方法,并说明哪个测量最精确?

3. 何为三维光栅? 三维光栅的衍射花样如何? 它与晶体的 X 射线衍射有什么联系?

5.27　光栅视镜系统

【实验内容】了解气体发光的光谱分析.

【实验原理】根据光栅方程,即干涉条纹极大的条件,$(a+b)\sin\theta=k\lambda$,对应于同一级干涉条纹(如 k 级),波长 λ 越长,其对应的衍射角就越大. 如果是复色光入射光栅,则由于 λ 不同,除中央零级条纹外,同级的不同波长(颜色)的明条纹将按波长顺序排列成彩色光谱,这就是光栅的分光作用. 如果入射的复色光中包含"所有"波长成分,则光栅光谱为彩色的连续光谱组成;如果入射的复色光中只包含若干个波长成分,则光栅光谱由若干条不同颜色的细亮谱线组成——分立光谱或线状光谱.

各种化学元素发光都有自己的特征光谱,各不相同. 通常将元素对应的光谱称为这种元素的"基因". 通过对光谱的分析,以谱线位置分布确定元素,再以对应谱线强度确定发光原子的多少. 这样,便可以确定该未知发光物体的化学成分构成和对应的含量. 这种用光谱特征确定物质成分的方法叫做光谱分析法.

【实验方法】

1. 如图 5.27.1 所示. 分别打开氩光灯、汞灯、白炽灯的电源开关,把光栅眼镜

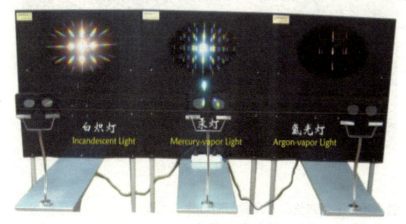

图 5.27.1　光栅视镜系统

对准透光缝,透过光栅眼镜观察三种光源的多级光谱.

　　2. 仔细观察氦光灯和汞灯分立谱线的特点.

　　3. 仔细观察白炽灯的连续谱线的特点.

【注意事项】

　　1. 不要用手触摸光栅眼镜的镜片.

　　2. 不要频繁地开关光源,因灯管的寿命和开灯的次数有关.

　　3. 氦光灯管和汞灯管的寿命与使用的时间长短有关,应尽量节省.

【探索思考】

　　1. 通常使用的钠黄光或红色激光,其光栅光谱如何?

　　2. 原子发光光谱为分立谱怎样解释? 这种原子发光怎样控制?

5.28　激光彩虹

【实验内容】动态再现激光的干涉、衍射、折射等现象.

【实验原理】激光具有好的单色性、亮度及相干性,利用具有较高分辨率的彩虹全息片,组成衍射、干涉、折射等动态系统.经扫描使激光束在屏幕上形成多种不同的活动花样图案,色彩鲜艳,图形清晰,生动而富于立体感,可使人们感到犹如置身于梦幻仙境.

【实验方法】如图 5.28.1 所示.先打开后盖,使激光由后盖射入进光孔,这时屏幕上便出现彩虹全息花样,打开电机工作开关,每隔 5 分钟左右按一下转换按钮开关以转换衍射花样.

图 5.28.1　激光彩虹

【注意事项】注意调整激光光源与彩虹仪的光路.

【探索思考】激光彩虹有哪些现实应用?

四、光的偏振及综合光学实验

5.29 偏振片及其应用

【实验内容】了解偏振片的用途,利用偏振片产生及检验偏振光.

【实验原理】一个偏振片只允许一个特定方向内振动通过,这个方向称为偏振化方向,如图 5.29.1 所示.如果自然光入射到一个理想偏振片上,则只有与偏振片偏振化方向平行的光振动可以通过偏振器,自然光变成偏振光,能量减半.如果夹角等于零或等于 180°,即两个偏振片的偏振化方向平行,通过第一个偏振片的光强能全部通过第二个偏振片,这种情况下,透射光的强度达到最大值.如果两个偏振片的偏振化方向夹角等于 90°或等于 270°,第二个偏振片与第一个偏振片的偏振化方向垂直,则没有光通过第二个偏振片.这种情况下,透射光的强度达到最小值.这样,当旋转某个偏振片时,透射光就会发生变化,当旋转一周时,就会观察到两次最明、两次最暗的现象,如图 5.29.2 所示.

图 5.29.1 偏振片

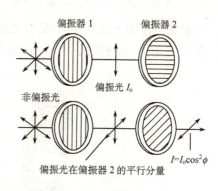

图 5.29.2 偏振片的透射

【实验方法】.

1. 用一块如图 5.29.1 所示偏振片(箭头表示偏振化方向)检验某一光源发出的光是否是偏振光,其光源可以是普通白炽灯、太阳光及由双折射晶体射出的光等.

2. 用一块偏振片产生偏振光,并用另一块偏振片检验偏振光.操作者双手各拿一块偏振片,让偏振片对着光源,转动任一块偏振片,观察光源亮度有无变化.

【注意事项】由于偏振片易碎,所以操作时要小心,转动时要拿稳.

【探索思考】

1. 偏振光的产生方法和检测方法有哪些?

2. 如何区分部分偏振光和椭圆偏振光(含圆偏振光)?

3. 如何区分自然光和圆偏振?

4. 偏振光有何应用?

5.30　反射光的偏振

【实验内容】观察反射引起的偏振现象.

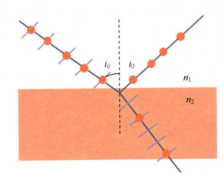

图 5.30.1　界面上的反射和折射

【实验原理】自然光在两种各向同性介质的介面上反射时,偏振状态要发生变化.当入射角的正切等于界面两侧介质的折射率之比时,平行入射面内的光振动将无反射,全部折射到第二种介质,此时的入射角称为布儒斯特角.当自然光以布儒斯特角入射时,反射光将为全偏振光,如图5.30.1是反射起偏示意图.

【实验方法】

1. 实验装置如图 5.30.2 所示.自然光入射到平面镜上发生反射,反射光通过偏振片,旋转偏振片的偏振化方向,屏上光强发生变化,出现极大、极小,但无消光的现象.

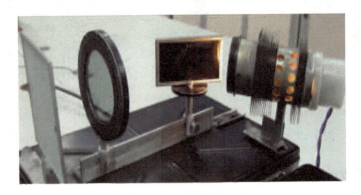

图 5.30.2　反射光偏振

2. 调节平面镜与入射光的夹角,使之为布儒斯特角,旋转偏振片的偏振化方向,屏上光强发生变化,有极大和消光现象,说明反射光是偏振光.

【注意事项】反射光较弱,要保持好暗室条件.

【探索思考】消光现象是怎样发生的?

5.31 玻璃片堆的反射和折射

【实验内容】观察利用玻璃堆的反射和折射起偏的现象.

【实验原理】当自然光在两种各向同性介质的界面上反射和折射时,其偏振状态都要发生变化,在布儒斯特条件下,反射光为完全偏振光,折射光为部分偏振光.在经过一次这样的反射和折射后,反射光虽然是完全偏振光,但光强很弱,而对于部分偏振光的折射光却占有入射光中的大部分光能.为了增强反射光的强度和折射光的偏振化程度,可以把玻璃片叠起来,成为玻璃片堆.自然光连续通过玻璃片堆时,入射光在各层玻璃面上经过多次的反射和折射,使反射光的强度增加,折射光的偏振化程度提高.当玻璃片足够多时,最后透射出来的折射光也就接近于完全偏振光,其振动面与反射完全线偏振光的振动面相互垂直,两者的强度近似相等,如图 5.31.1 所示.

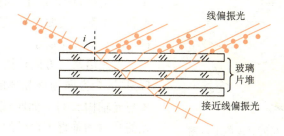

图 5.31.1 玻璃片堆起偏示意图

【实验方法】

1. 如图 5.31.2 所示,载物台上放置的是由多层玻璃组成的玻璃片堆.用白光照射,用偏振片检测经过玻璃片堆的透射光的偏振性.旋转偏振片的偏振化方向,

图 5.31.2 玻璃片堆的透射光的偏振状态检测

观察屏上光强发生变化,出现极大、极小,但无消光的现象,折射光为部分偏振光.

2. 调节平面镜与入射光的夹角,使其满足布儒斯特条件.旋转偏振片的偏振化方向,观察屏上光强发生变化,出现极大、极小,并出现消光现象,折射光为完全偏振光.将偏振片放在反射光方向上,检测反射光亦为偏振光.

【注意事项】实验前要调整好布儒斯特角.

【探索思考】怎样计算布儒斯特角的大小?

5.32　双折射引起的偏振

【实验内容】观察双折射现象及o光、e光的偏振状态.

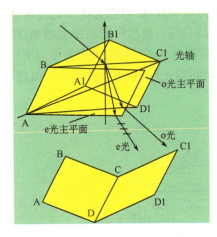

图 5.32.1　双折射现象示意图

【实验原理】当光进入各向异性介质(晶体)时,介质中出现两束折射光线的现象称为双折射现象.其中一束折射光始终在入射面内,遵守折射定律,称为寻常光,简称o光;另一束折射光一般不在入射面内,不遵守折射定律,称非常光,简称e光.经检测,o光和e光都是线偏振光,且振动方向相互垂直,如图5.32.1所示.

若光沿某一方向传播时,不发生双折射现象,这个方向为该晶体的光轴.晶体中光线与光轴构成的平面叫该光线的主平面.o光的光振动垂直于自己的主平面,而e光的光振动平行于自己的主平面.

【实验方法】

1. 如图5.32.2所示,在光源和接收屏中间装上方解石晶体,并使光源、方解石晶体、接收屏三者共轴.

2. 将光射到方解石晶体上,光进入晶体后,分解为o、e两束光并从晶体中射出来,在屏上形成两个光斑.

3. 以光的传播方向为轴旋转方解石,会发现一个光斑不动,而另一个光点会绕其旋转.不动光斑对应着寻常光,旋转光斑对应着非寻常光.

4. 用偏振片可检验两束光的偏振化方向.在光路中垂直插入偏振片,旋转偏振片可观察到两个光斑的亮度交替变化,并交替消光,说明它

图 5.32.2　双折射现象

们都是偏振光. 实验表明,两束光的偏振化方向互相垂直.

【注意事项】注意保持晶体的干净.

【探索思考】

1. 方解石越厚,两个光斑分得越开还是越近?

2. 有没有可能在光源射入方解石晶体以后不出现双折射的情况?

5.33 大气散射

【实验内容】模拟并观察大气散射现象.

【实验原理】电磁波同大气分子或溶胶等发生相互作用,使入射能量以一定规律在各方向重新分布的现象称为大气散射. 其实质是大气分子或气溶胶等粒子在入射电磁波的作用下产生电偶极子或多极子振荡,并以此为中心向四周辐射出与入射波频率相同的子波,即散射波.

大气散射是普遍发生的现象,大部分进入我们眼睛的光都是散射光. 如果没有大气散射,则除太阳直接照射的地方外,都将是一片黑暗. 大气散射作用削弱了太阳的直接辐射,同时又使地面除接收到经过大气削弱的太阳直接辐射外,还接收到来自大气的散射辐射,大大增加了大气辐射问题的复杂性. 大气散射是大气光学和大气辐射学中的重要内容,也是微波雷达、激光雷达等遥感探测手段的重要基础,大气散射示意图如图 5.33.1 所示.

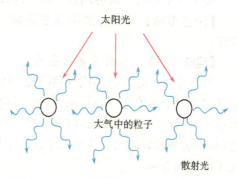

图 5.33.1 大气散射示意图

光和粒子的相互作用,按粒子同入射波波长的相对大小不同,可以采用不同的处理方法:当粒子尺度比波长小得多时,可采用比较简单的瑞利散射公式;当粒子尺度与波长可相比拟时,要采用较复杂的米氏散射公式;当粒子尺度比波长大得多时,用几何光学处理.

【实验方法】如图 5.33.2 所示,将 8L 清水倒入有机玻璃箱,在水中溶入 110g 大苏打(硫代硫酸钠),接通电源开关. 因水是透明的,没有散射,所以从侧面看不到水中的光柱,可看到灯光透过水照射在屏上的白色光斑.

将 20ml 浓硫酸发散滴入水中,硫酸与大苏打发生化学反应,析出微小硫黄颗粒,悬浮于水中,水变为混浊. 这时,可看到水中的光柱,它是硫黄微粒散射的缘故. 散射光柱呈微蓝色,观察屏上的光斑呈桔红色,说明入射光中波长较短的光波散射较强而被散射,波长较长的光波散射较弱,这与天空的蓝色与晚霞的红色是同一原理.

图 5.33.2   大气散射演示装置

如果在水箱与观察屏间放一偏振片,旋转偏振片可看到散射光是偏振光.

【注意事项】本实验要用到浓硫酸,必须注意安全,浓硫酸的稀释要按规程操作.

【趣味拓展】天为什么是蓝色的

天为什么不是绿色的或红色的呢？如果把光线设想为波浪,就能猜破这个谜,光其实像一个波浪那样在运动.设想一滴雨落在一个水洼里的情景,当这滴雨落到水面上时,就会产生小波浪,波浪一起一伏地变成更大的圈,向着四面八方扩展开去,如果这些波浪碰上一块小石子或一个别的什么障碍物,它们就会反弹回来,改变了波浪的方向.

阳光从天空照射下来,一样会连续不断地碰到某些障碍,因为光所必须穿透的空气并不是空的,它由很多很多的微粒组成,其中不是氮气便是氧气,其余则是别的气体微粒和微小的漂浮微粒,来源于汽车的废气、工厂的烟雾、森林火灾或者火山爆发出来的岩灰.虽然氧气和氮气微粒只是一滴雨水的百万分之一,但是它们也照样能阻挡阳光的去路,光线从这些众多的小"绊脚石"上弹回,自然也就改变了自己的方向.

根据科学家的测定,蓝色光和紫色光的波长比较短,相当于"小波浪";橙色光和红色光的波长比较长,相当于"大波浪".当遇到空气中的障碍物的时候,蓝色光和紫色光因为翻不过去那些障碍,便被"散射"得到处都是,布满整个天空,天空也就是这样被"散射"成了蓝色,发现这种散射现象的科学家是英国科学家瑞利(Rayleigh),因而又叫瑞利散射.

【探索思考】大气散射对人类生存的意义？

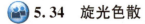 **5.34   旋光色散**

【实验内容】研究糖溶液对不同频率偏振光的旋光和色散.

【实验原理】当偏振光通过某些物质(如石英、氯酸钠等晶体或食糖水溶液、松节油等),光矢量的振动面将以传播方向为轴发生转动,这一现象称为旋光现象,如图 5.34.1 所示.

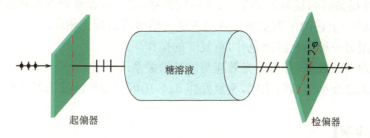

图 5.34.1 旋光实验

本实验利用糖溶液的旋光性演示旋光现象及影响旋光效应的因素.将糖溶液置于两个偏振片中间,一个偏振片用于起偏,另一个偏振片用于检偏.对于液体旋光物质,振动面转过的角度即旋光度 $\varphi = \alpha \rho L$.

其中,比例系数 α 称溶液的旋光率,是与入射光波长有关的常数;ρ 为溶液的浓度;L 为偏振光在旋光物质中经过的距离.旋光度大致与入射偏振光波长的平方成反比,这种旋光度随波长而变化的现象称为旋光色散.本实验既可以演示白色光的旋光色散现象,形成螺旋彩虹,又可以测量单色光的旋光角度,还可以测量糖溶液的浓度,以及确定糖溶液的旋光率.

【实验方法】实验装置如图 5.34.2 所示.

图 5.34.2 旋光色散实验装置

1. 配置溶液:大约用 300g 蔗糖,玻璃管内的溶液大约占整个容器的 2/3 或 1/2 之间为宜,将溶液摇匀.

2. 打开仪器灯箱光源,连续缓慢转动前端检偏器,可观察到玻璃管下半部有糖溶液的地方透过的光的颜色:赤、橙、黄、绿、青、蓝、紫依次变化,管的上部没有糖溶液的地方仅有明暗的变化.

3. 在光源和装有糖溶液的玻璃管之间加上滤色片,旋转检偏器,记下从玻璃管上方看视场最暗时检偏器的角度;旋转检偏器,记下从玻璃管下方看视场最暗时检偏器的角度;上述两个测量角位置之差便为糖溶液的旋光角度.

4. 换用另一种颜色的滤色片,重复 3 的操作.

5. 整理实验数据,分析旋光效应与波长的关系.

6. 如果改变糖溶液的浓度,重复操作 3、4,还可以分析溶液浓度对旋光效应的影响.

【注意事项】

1. 玻璃管内的糖溶液浓度很高,玻璃易碎,勿动.

2. 调整检偏器时一只手扶住检偏器,另一只手做调整,调整应轻柔.

3. 定期更换糖溶液,以免变质和霉变,较长时间不用时,一定要将糖溶液倒掉,把管清洗干净,晾干存放.

【探索思考】

1. 为什么某些物质有旋光特性? 它们各有什么样的微观机理? 旋光物质有左右旋之分吗? 请举例.

2. 如何制作一个旋光糖浓度计? 如何校准这个测量器具?

 5.35　偏振光与应力

【实验内容】通过观察偏振光干涉来显示应力分布.

【实验原理】线偏振光通过光弹性介质后产生应力双折射,分成有一定相差且振动方向互相垂直的两束光,这两束光通过最外层的偏振片后成为相干光,发生偏振光干涉.

对于由不同层数薄膜制成的蝴蝶、飞机、花朵等模型,由于应力均匀,双折射产生的光程差由厚度决定,各种波长的光干涉后的强度均随厚度而变,故干涉后呈现与层数分布对应的色彩图案.

对于三角板和曲线板,由于厚度均匀,双折射产生的光程差主要与应力分布有关,各波长的光干涉后的强度随应力分布而变,则干涉后呈现与应力分布对应的不规则彩色条纹.条纹密集的地方是残余应力比较集中的地方,条纹稀疏的地方是残余应力比较小的地方,无应力的区域则无条纹.

U 形尺的干涉条纹类似于三角板和曲线板,区别在于这里的应力不是残余应力,而是实时动态应力,所以条纹的色彩和疏密是随外力的大小而变化的.利用偏振光的干涉,可以考察透明元件是否受到应力以及应力的分布情况.

转动外层偏振片,即改变两偏振片的偏振化方向夹角,也会影响各种波长的光干涉后的强度,使图案颜色发生变化.

【实验方法】如图 5.35.1 所示.仪器内的图案分两种:(1)用不同层数的薄膜叠制而成的蝴蝶、飞机、花朵等图案(中心厚,四周薄),薄膜内部的残余应力分布均匀.(2)光弹材料制成的三角板和曲线板,厚度相等,但内部存在着非均匀分布的残余应力.

图 5.35.1 偏振光干涉效果图

1. 打开光源,从仪器上方观察三角板、曲线板和薄膜帖图,看到它们都是由无色透明的材料制成.

2. 再通过检偏片在仪器外边观察,这时立即观察到视场中各种图案偏振光干涉的彩色条纹.

3. 调整检偏片的偏振化方向,观察干涉条纹的色彩变化.

4. 把透明 U 形尺从仪器上方的窗口放入,观察到在检偏片转动时 U 形尺的颜色发生不断的变化,但颜色分布均匀.

5. 用力握 U 形尺的开口处,立即看到在尺上出现彩色条纹,且疏密不等.

6. 改变握力,条纹的色彩和疏密分布也发生变化.

【注意事项】取放 U 形板要小心,不要加力过大,以免折断.

【探索思考】

1. 这种现象与旋光现象的区别与联系?

2. 应力双折射的微观机理是什么?

3. 偏振光干涉与自然光干涉有何不同?

5.36 激光显示李萨如图

【实验内容】用激光显示李萨如图形.

【实验原理】当两个方向相互垂直、频率成整数比的简谐振动叠加时,在屏幕上就会显示李萨如图形.利用光杠杆原理可以使微小的振动放大.利用共振原理,使得电磁打点计时器振动片的固有频率和低频信号发生器的频率相等,从而引发共振.

如图 5.36.1 所示.激光先后照射到相互垂直的以一定频率振动的两反射镜后,射到屏幕上的图像相当于方向垂直的两个简谐振动的合成.区别于用示波器显示李萨如图形的单人操作,本实验利用光杠杆放大作用,通过激光照射到屏上的方法演示李萨如图形.不仅可以供很多人观看,而且由于激光具有强度高、亮度大、方向性好等优点,使显示的李萨如图形更加清晰、稳定,所以效果更佳.还可以根据屏幕上的图像稳定程度以及 X、Y 两个方向的频率比值,分析受迫振动及共振原理对实验的影响.

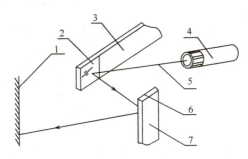

1. 远处屏幕或墙; 2. 黏于 X 方向振动条的反射镜; 3. X 方向振动条; 4. 半导体激光器;
5. 激光光束; 6. 黏于 Y 方向振动条的反射镜; 7. Y 方向振动条.

图 5.36.1   原理示意图

【实验方法】打开电源开关,分别调整 X、Y 方向的信号频率比以及幅度大小,从白屏上观察李萨如图形,装置与效果如图 5.36.2 所示.

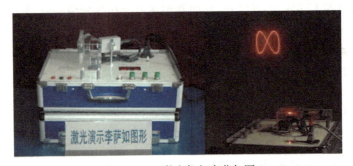

图 5.36.2   激光仪与李萨如图

【注意事项】注意激光不要直接正对眼睛.
【探索思考】直接用白光作光源能观察得到相同的现象吗?

5.37　看得见的激光

【实验内容】了解激光器的原理及内部结构.

【实验原理】He-Ne 激光是人类发明最早的激光器之一,属于气体激光器.
He-Ne 激光器主要由 He-Ne 气体激光管和高压电源组成,它的工作物质是 Ne 原
子. He-Ne 气压比为 7∶1,总气压几毫米汞柱的情况下,通过气体辉光放电使一些
He 原子电子跃迁到它的两个亚稳态. 由于 He 原子的这两个激发态与 Ne 原子的
两个激发态的能量极其接近,通过原子之间的能量共振转移使 Ne 原子激发到它
的这两个激发态能级上,从而实现 Ne 原子的粒子数反转分布. 这种粒子数反转可
以实现受激辐射光放大,产生激光.

【实验方法】

1. 如图 5.37.1 所示,打开激光器电源,激光器便可工作.

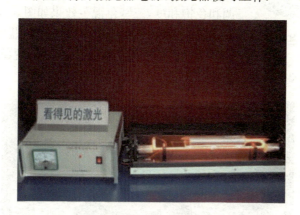

图 5.37.1　激光管

2. 观察激光的特性:它的相干性非常好,而且亮度很高,方向性很强.

3. 可以使用各种遮光物放在激光的光路中,在远处观察遮光物的衍射现象,
如头发,小孔,锋利的刀片边缘等.

【注意事项】

1. 避免让激光直射眼睛.

2. 激光电源和激光管的工作电压较高,不要随意拆卸.

3. 操作时要保护好玻璃管,以免损坏.

【探索思考】

1. 激光产生的条件是什么?

2. He-Ne 激光放电管为什么一般都很细?

3. 外腔式激光管用布鲁斯特窗把管内外隔开,它既能使管内气体密封,又不

影响光波来回传播（无损耗），试解释之.

4. 放电管接上电源时，是正极接铝筒（大面积电极），不是负极接？为什么？

5. He-Ne 激光器的应用举例.

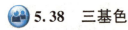 5.38 三基色

【实验内容】观察三基色及其组合成复色光.

图 5.38.1 三基色效果

【实验原理】自然界中的绝大部分彩色，都可以由三种基色按一定比例混合得到，反之，任意一种彩色均可被分解为三种基色.作为基色的三种彩色，要相互独立，即其中任何一种基色都不能由另外两种基色混合来产生.由三基色混合而得到的彩色光的亮度等于参与混合的各基色的亮度之和.三基色的比例决定了混合色的色调和色饱和度，三基色混色效果如图 5.38.1 所示.

【实验方法】本实验仪用红、绿、蓝发光管作为三基色演示色彩的组合，具有操作简便，现象直观，小巧耐用的特点，如图 5.38.2.

图 5.38.2 三基色演示仪

1. 实验时先分别打开闭合控制红、绿、蓝三种颜色发光面的开关，让学生观察一种颜色的发光情况.

2. 同时闭合任意两只开关，观察二种颜色混合的色彩和过渡色彩.

3. 同时闭合三只开关观察三基色混合的色彩.

4. 直视发光腔可以辨认三基发光管的发光色彩.

5. 近距离照射白色的纸板或墙壁，通过纸板或墙壁的反射，观察到单色光混合后形成的复色光.

【注意事项】不要长时间使用.

【探索思考】三基色能合成黑色吗？为什么？

5.39　视觉暂留

【实验内容】了解人眼的视觉暂留特性.

【实验原理】人眼在观察景物时,光信号传人大脑神经,需经过一段短暂的时间,当光的作用结束后,视觉形象并不立即消失,视觉的这一现象则被称为"视觉暂留".原因是由视神经的反应速度造成的,其时值是 1/24s. 它是动画、电影等视觉媒体形成和传播的依据,被应用于动画、电影等的拍摄和放映.

实验装置如图 5.39.1 所示,它利用人眼的视觉暂留结合频闪灯的特殊作用,演示了电影成像的原理. 在未打开频闪灯时,台阶和弯杆的随转盘转动,看不出一定的规律.打开频闪灯后,调节频率使频闪灯闪亮的时间间隔与两相邻台阶经过同一位置的时间间隔相同或成整数倍,由于眼睛的视觉暂留,我们感觉台阶已经静止,但弯杆却在不断变换,便形成了弯杆爬台阶的动画场面.

图 5.39.1　视觉暂留

【实验方法】

1. 打开电机开关,电机转动平稳后,打开频闪灯开关,适当调节频闪灯频率的粗调(转换开关)、细调(电势器)旋钮;直到看到白色的台阶稳定不动,红色的小棍在台阶上跳动.

2. 实验结束后,分别关闭频闪灯和电机开关.

【注意事项】眼睛必须专注于一点,电源开关不要长时间按住不放.

【兴趣拓展】电影史话

1874 年,法国的朱尔·让桑(Jules. Jensen)发明了一种摄影机.他将感光胶片卷绕在带齿的供片盘上,在一个钟摆机构的控制下,供片盘在圆形供片盒内做间歇供片运动,同时钟摆机构带动快门旋转.每当胶片停下时,快门开启曝光.让桑将这种相机与一架望远镜相接,能以每秒一张的速度拍下行星运动的一组照片.让桑将其命名为摄影枪,这就是现代电影摄影机的始祖.

1882 年,法国的朱尔·马雷(Jules. Ma Lei)发明了一种摄影机,用它可以拍摄飞鸟的连贯动作,由此诞生了摄影技术.这种摄影装置形状像枪,在扳机处固定了一个像大弹仓一样的圆盒,前面装上口径很大的枪管,圆盒内装有表面涂有溴化银乳剂的玻璃感光盘.拍摄时,感光盘作间歇圆周运动,遮光器与感光盘同轴,且不停地转动,遮断和透过镜头摄入光束.整个机器由一根发条驱动,可以用 1/100s 的曝光速度以每秒 12 张的频率摄影.两种古老的电影摄影机如图 5.39.2、图 5.39.3 所示.

图 5.39.2　古老的电影摄影机

图 5.39.3　电影摄影机诞生

图 5.39.4　放映胶片

视觉暂留是人眼具有的一种性质,人眼观看物体时,成像于视网膜上,并由视神经输入人脑,感觉到物体的像.但当物体移去时,视神经对物体的印象不会立即消失,而要延续 0.1s 的时间,人眼的这种性质被称为"眼睛的视觉暂留".人在观看电影时,银幕上映出的是一张一张不连续的像,每秒钟要更换 24 张画面.但由于眼睛的视觉暂留作用,一个画面的印象还没有消失,下一张稍微有一点差别的画面又出现了,所以看上去感觉动作是连续的.连续的放映胶片如图 5.39.4 所示.

 5.40　梦幻点阵

【实验内容】综合展示视觉暂留原理.

【实验原理】梦幻点阵也是旋转字幕球. 旋转字幕球的原理基于帧扫描和人类视觉的暂留现象. 例如仪器基座与有机玻璃形罩固定在一起, 并且从外界通过透明的球形罩可以看到内部, 沿球形罩的轴向在基座上装有一个高速直流电机, 电机的转子可绕竖直轴作高速稳定转动, 转子上固定有控制电路和一个发光二极管阵列. 实验中, 电机的转速为 50 转每秒, 图像变换的周期比人类视觉的暂留时间短得多, 故我们能够从扫描的球带中看到稳定的静态画面或变化的动态画面. 人类视觉的反应时间, 即图像出现到人脑中显现图像的时间, 要比人类视觉的暂留时间短得多. 由于人类视觉的这些特点, 重复播映的多帧图画, 在人的头脑中就可显现为稳定的画面. 每幅画面的形成是靠发光二极管阵列扫描来实现的, 画面纵向的变化是单片机控制阵列中的各个发光二极管点亮和熄灭, 横向变化是靠电机带动阵列的高速扫描来实现的. 其结构如图 5.40.1 所示.

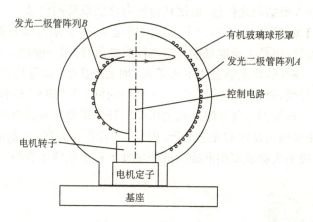

图 5.40.1　结构示意图

【实验方法】如图 5.40.2, 将旋转幕球装置的电源插头接入电源, 轻轻地按压一下球罩外面的开关, 起动电机, 观察字幕的图像, 实验完毕, 关闭仪器.

【注意事项】不要用硬物接触玻璃球.

【探索思考】人类视觉的反应时间与足球守门员扑救点球的时间有何区别?

5.41　视错觉

【实验内容】观察视错觉现象.

【实验原理】视错觉就是当人或动物观察

图 5.40.2　梦幻点阵仪

物体时,基于经验主义或不当的参照而形成的错误判断和感知.当人们看某个物体时,大脑究竟是如何工作的呢？ 一般认为,每只眼睛就像一部微型电视摄像机,把外界景象聚焦到眼后一个特殊的视网膜屏幕上,每个视网膜有无数的光感受器,对进入眼睛的光子进行响应,然后,把由双眼进入大脑的图像整合到一起,这样就可以看东西了.但实际上,这把如何看东西想得太简单了,甚至在许多情况下完全错了.为了研究"看"这个问题,必须了解看所涉及的任务及头脑内完成该任务的生物装置.

进入眼睛的光子仅仅是视野中某个部分的亮度和某些波长信息,但需要知道的是那里有什么东西,它正在做什么和可能去做什么.换句话说,就是要看物体、物体的运动和它们的"含义".但仅仅是这些还不够的,还必须做到"实时",在这些信息过时之前,足够迅速地采取行动,所以,必须尽快地提取生动的信息.因此,眼和大脑必须分析进入眼睛的光信息,以便获得所有这些重要的信息.

【实验方法】观察图 5.41.1,三个不同的错觉实例,大脑并非是被动地记录进入眼睛的视觉信息,而是主动地寻求对这些信息的解释.第一幅图,五个头,可以数出十个孩子;第二幅图,两条竖直线本来等长,加上箭头后,感觉长短就不一样;第三幅图,两条平行线,成了弯曲的圆弧.一个突出的例子是"填充"过程,如和盲点有关的填充现象.盲点是因为联结眼和脑的视神经纤维需要从某点离开眼睛,因此在视网膜的一个小区域内便没有光感受器.但是,尽管存在盲区,我们的视野中却没有明显的洞.这说明大脑试图用准确的推测填补上盲点处应该有的东西.

 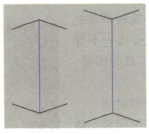 

图 5.41.1　错觉经典组图

俗话说"眼见为实",按照通常的理解,它的意思指你看到某件东西,就该相信它确实存在.然而克里克(Crick)对此给出了完全不同的解释:你看见的东西并不一定存在,而是你的大脑认为它存在.在很多情况下,它确实与视觉世界的特性相符合,但在另一些情况下,盲目的"相信"可能导致错误.看是一个主动的构建过程,你的大脑可根据先前的经验和眼睛提供的有限而又模糊的信息作出最好的解释.心理学家之所以热衷于研究视错觉,就是因为视觉系统的部分功能缺陷恰恰能为揭示该系统的组织方式提供某些有用的线索.

【注意事项】观察视错觉图很容易引起大脑晕眩,不宜观察过久,观察时需要中途休息几分钟,再寻找错觉的源头.

【探索思考】视错觉与通常的幻觉有什么不同?

5.42　3D 影像系统

【实验内容】欣赏 3D 影像,体会人类视觉暂留和视错觉.

【实验原理】两个不同角度拍摄的像(左像和右像)同时或在视觉暂留时间内作用于视觉,就可以产生立体像.不同于利用偏振光产生的立体效果,本实验利用奇数场和偶数场分别编入左眼(或右眼)图像信号和右眼(或左眼)图像信号,形成一种时分式立体电视图像信号,以一定速度轮流地传送左右眼图像,显像端在荧光屏上轮流显示左右两眼的图像,如图 5.42.1 所示.观看者需戴上一副液晶眼镜,眼镜用一个发送端同步的开关控制,左眼图像出现时,左眼的液晶透光,右眼的液晶不透光;相反,右眼图像出现时,只有右眼液晶透光.如此周而复始,以快于人类视觉暂留的速度进行交替显示,从而产生立体错觉了.

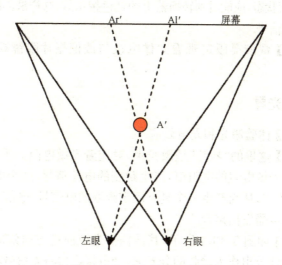

图 5.42.1　3D 原理示意图

【实验方法】观看者通过戴上一副液晶眼镜,观看显示器中播放的视频图像,从而产生立体错觉,感觉影视中的物体直接与自己融为一体,时刻有动态冲击的震撼.3D效果如图5.42.2所示.

图 5.42.2　3D影视系统

【注意事项】

1. 戴上液晶眼镜后,需按压液晶眼镜右上角的白色小按钮后才能观察到立体效果.

2. 处在观察状态,应能看到转换器上的红色指示灯,这样液晶眼镜才能接收到转换器发射的光控信号.

【探索思考】戴液晶眼镜观看立体电视与戴偏振片眼镜观看立体电影有何异同?

 5.43　激光琴

【实验内容】体验激光和光电效应.

【实验原理】这里的"琴弦"是激光束,对应着光敏电阻.手指"轻弹"光束,遮断光路,改变了光敏电阻的电阻值,产生跳变的电压信号,这个电压信号就触发相应的电路开始工作,从而产生一个具有固定频率的电信号,电信号经电子合成器处理放大后,由扬声器发出声音.

【实验方法】如图5.43.1所示,其结构依光束前进方向依次有激光器输出总光束,经分光元件分出作为琴弦的分光束,光电接收器将光信号转换成电信号输至与琴键相连的电子控制器.激光束琴弦人眼看得着而摸不着,有彩光的琴弦发出光芒,同时又可以发出美妙的琴声.演奏者用手遮住一束光,无弦琴就会发出声音,相当于拨动一根琴弦,经过不停地对光控制,可以"演奏"出不同的音阶和乐曲,同时可以按琴柱上的音乐选择按钮,改变无弦激光琴的音色.遮住不同的光束,琴会有不同的音符发出,按照乐曲韵律,可以弹奏出美妙的音乐,拨弄琴弦,不担心破坏琴键,不担心染上细菌,是一种理想的集观赏与娱乐为一体的琴.

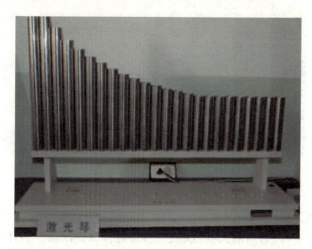

图 5.43.1　激光琴

【注意事项】

1. 若出现激光管不亮或琴没有声音时,请将电源断掉,然后重新打开.

2. 仪器若超过 36s 无触发信号则自动进入待机状态,此时将电源开关重新开启一次即可让仪器重新工作.

【探索思考】 激光琴与一般实物钢琴在音色上有何不同之处?

 5.44　激光监听

【实验内容】 了解激光监听的原理和过程.

【实验原理】 监听又被称为窃听,本实验采用激光技术进行窃听. 若要听到周围戒备森严而人不可能接近的房间里的讲话声,可以用一束看不见的红外激光打到该房间的玻璃窗上. 由于讲话声引起玻璃窗的微小振动,使激光在玻璃窗上的入射点和入射角都发生变化,因而接收到激光光点的位置发生变化(变化情况和讲话信号基本一致). 然后用光电池把接收到激光信号转换成电信号,经过放大器放大并去除噪声,通过扬声器还原成声音.

【实验方法】 如图 5.44.1 所示,实验时用可见的半导管激光模拟这种激光窃听的方法,取一个装有玻璃窗的箱,箱内放置扬声器,在玻璃外贴一块小镜子,使激光照射在镜子上,收音机播音时,机箱玻璃振动,使激光反射光的光斑发生移动,照射在硅光电池上的光点面积发生变化. 调节硅光电池的位置,使光斑移动时照射在硅光电池上的光点面积发生相应的变化,从而引起硅光电池输出电压的变化,把这个电压变化经放大器放大,通过扬声器就能听见声音.激光由于方向性好,衰减慢,传播距离远,所以可以远距离传递信息.

图 5.44.1　激光监听仪

【探索思考】

1. 在实验中,入射角取大些或取小些,各有什么优缺点?为什么?

2. 激光器离开玻璃窗的远近及硅光电池离开玻璃窗的远近对实验结果各有什么影响?

3. 用这个方法进行窃听,声音是否有点"失真",这些失真主要由哪些原因引起的?

4. 根据你的实验结果,试估算一下,玻璃因振动引起的入射角变化和入射点移动究竟有多大?

5. 不用激光,改用其他光源(如电灯光),也可用来窃听吗?

5.45　激光测距

图 5.45.1　测距仪

【实验内容】了解激光测距的基本原理.

【实验原理】激光测距是利用光波的一种测距方式,如果光以速度 c 在空气中传播,在两点间往返一次所需时间为 t,则两点间距离为 $D=ct/2$.因此,只要检测出一个光脉冲从发出到返回的时间间隔就可以计算出两点之间的距离.

【实验方法】如图 5.45.1 所示的是便携式脉冲激光测距仪.这种测距仪具有机动灵活、重量轻、体积小、成本低、可靠性好等优点.因此,这类脉冲激光测距仪已逐渐由装备 Nd：YAG 激光测距仪改为喇曼频移 Nd：YAG 安全激光测距仪.

【兴趣拓展】在现代战争中,由以前单一的步兵、炮兵独立作战发展到有步兵、炮兵和海军陆战队组成的特种部队联合作战,武器系统也由单一的地炮、高炮逐渐采用多功能综合高技术. 因此激光测距仪也由单一测距功能的便携式、手持式发展到激光测距、红外瞄准的昼夜观测仪以及激光测距、目标指示、红外瞄准的激光红外目标指示器等.

【注意事项】不要将激光直接对准眼睛以免造成伤害.

【探索思考】水下潜艇能否用激光测距?

 ## 5.46　光纤视频传输

【实验内容】了解光纤通信的原理.

【实验原理】因光在不同物质中的传播速度是不同的,所以光从一种物质射向另一种物质时,在两种物质的交界面处会产生折射和反射,而且,折射角度会随入射角变化而变化,当入射光的角度达到或超过某一角度时,折射光会消失,入射光全部被反射回来,称之为全反射,如图 5.46.1 所示. 临界角度由界面两边的折射率来决定. 光纤通信就是基于以上原理而形成的.

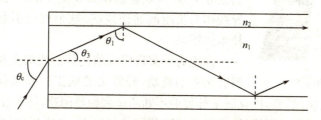

图 5.46.1　光在阶跃光纤中的传播原理图

光纤裸纤一般分为三层:中心高折射率玻璃芯(芯径一般为 $50\mu m$ 或 $62.5\mu m$),中间为低折射率硅玻璃包层(直径一般为 $125\mu m$),最外是加强用的树脂涂层. 光纤按工作波长一般分为紫外光纤、可见光纤、近红外光纤、红外光纤;按折射率分布一般可分为阶跃型光纤、近阶跃型光纤、渐变型光纤等;按传输模式一般可分为单模光纤和多模光纤.

利用光纤的全反射原理和衰减小传播速度快的特性传输信号,被摄像头摄入的信号经调制后加载到光信号中,经过光纤传到视频系统,再进行解调制,还原物体的原有信号,从视频系统中播放出来,如图 5.46.2 所示.

【实验方法】打开电源,让摄像头处于开机状态,再打开视频系统,调节输出制式. 所摄物体信号可以直接从电视上看到,有现场直播的感觉.

【注意事项】光纤较长且易损,操作时一定要注意,避免损坏.

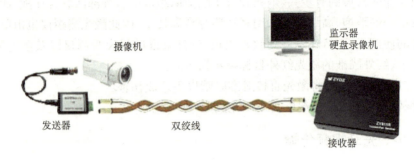

图 5.46.2　视频光纤系统

【趣味拓展】 光纤之父——高锟

伟大的高锟

1966 年,高锟在一篇题为《光频率介质纤维表面波导》论文中首次提出将玻璃纤维和光用于通信的理论,他提出用光导纤维进行远距离信息传输. 在这一理论的指导下,用玻璃制造比头发丝更细的光纤,取代用铜导线作为长距离通信线路. 这个理论引起了世界通信技术的革命.

高锟为了实现用玻璃代替铜线的大胆设想寻找到没有杂质的玻璃,经常去玻璃工厂和实验室去调研并讨论玻璃的制法. 后来,他克服了外界的不断质疑和种种困难,终于在 1981 年制造出世界上第一根光导纤维. 纤细的光纤取代了体积庞大、造价昂贵的铜缆,此后催生了互联网诞生. 人类资讯的传输方式再次经历了一场全球性革命,高锟"光纤之父"之名由此传遍世界. 他也因此获 2009 年诺贝尔物理学奖.

高锟是"光纤之父",却不曾取得光纤技术的专利权,他的梦想是让光纤成本越来越低,希望未来的网络用户能够免费上网.

【探索思考】 能否将光纤传输与激光传输的同一信号同时在视频系统上再现?

5.47　西汉透光镜

【实验内容】 观察铜镜的"透光"现象并了解其透光机理.

【实验原理】 如图 5.47.1 所示,从外观上看与普通铜镜一样,但在反射日光或平射的灯光时,铜镜的光影里,就

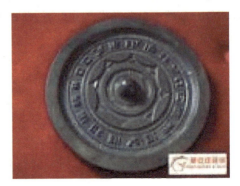

图 5.47.1　透光铜镜

会映出铜镜背面所铸的铭文及图案,这种铜镜被称为"透光镜".出土的均为青铜制造,故多称为"透光铜镜",见于西汉,后代工艺失传.透光镜的透光机理引起古今中外诸多学者的关注和猜测.

1975 年,上海交大盛宗毅副教授等用现代科学方法,揭开了透光镜的奥秘.他们研究认为:铸镜时铜镜背面花纹凹凸处不同速度的凝固收缩,产生铸造应力,研磨时又产生压应力,因而产生弹性形变.研磨到一定程度时,这些因素叠加地发生作用,使镜面产生了与镜背花纹相应,但肉眼又不易察见的弯曲.由于有弯曲,不能平行反射光线,形成了阴影,于是就产生了透光效果.

【实验方法】打开亮度较高的射灯,手持透光铜镜,适当调整入射和反射角度,找寻最清晰的成像位置,观察反射光斑的图样.

【注意事项】透光铜镜表面容易磨损,勿用利器刮擦.

【探索思考】透光铜镜可以批量生产吗?

5.48　反射光栅立体画

【实验内容】观察反射光栅成像.

【实验原理】立体照片的本质是柱镜的分光和人脑的合成.人眼观看物体之所以有立体感,是因为人有两只眼分别从不同的角度看到物体的一个侧面,这两个像经人脑合成就成为物体的立体像.这时像面是两个照相机照得的像的重叠,为使两像分别映入人的左右眼,像面上覆以一层由柱镜条状透明带组成的膜,两像经膜上柱镜分光向左右偏射,使看照片的人左眼看到左像,右眼看到右像,经人脑合成为立体印像.

光栅——制作立体图像时所用的一种光学器件.通俗地讲,若干个形状大小一样、光学性能一致的透镜在一平面上按垂直方向顺序排列,就形成光栅条;若干条光栅条按水平方向依次排列,就形成光栅板,通常称为光栅.立体图像就是利用光栅材料的特性,将不同视角的同一拍摄对象的若干幅图像或同一视角的若干幅不同的图像的画面细节按一定顺序错位排列显示在一幅图像画面上,通过光栅的隔离和透射或反射,将不同角度的图像细节印射在人们的双眼,形成立体或变换的效果.从光学表现特征来讲,分为两类:①狭缝光栅——通过透射光将图像的立体效果显示在人们的眼前.②柱镜光栅——通过反射光将图像的立体效果显示在人们的眼前.本画利用柱镜光栅形成立体画.

【实验方法】如图 5.48.1 所示.站在画前仔细观察,可以看到不同层次、立体的风景图.

【注意事项】按指定的观察方法定点寻找目标.

【探索思考】反射立体光栅在生活中的应用有哪些?

图 5.48.1　反射光栅立体图

5.49　透射光栅立体画

【实验内容】通过观看照片的立体效果,了解立体效果的成因.

【实验原理】立体照片的本质是柱镜的分光和人脑的合成,人眼观看物体之所

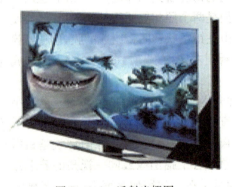

图 5.49.1　透射光栅图

以有立体感,是因为人有两只眼分别从不同的角度看到物体的一个侧面,这两个像经人脑合成就成为物体的立体像.如图 5.49.1 所示,这儿像面是两个照相机照得的像的重叠,为使两像分别映入人的左右眼,像面上覆以一层由柱镜条状透明带组成的膜,两像经膜上柱镜分光向左右偏射,使看照片的人左眼看到左像,右眼看到右像,经人脑合成为立体图像.

【实验方法】对着像片看,左右眼移动位置,体会立体效果.

【探索思考】

1. 一只眼可以看到几维的像?

2. 探索看到四维空间图像的办法?

第6章 近代物理与综合实验

一、近代物理

6.1 热辐射

【实验内容】了解热辐射现象及其影响因素

【物理原理】所有物体都在辐射和吸收电磁波,辐射的电磁波能量与温度有关,这类由热运动引起的辐射称为热辐射.物体对入射的电磁波一般是部分吸收,部分反射,部分折射.对一处于热平衡下,温度为 T 的绝对黑体,设在频率 ν 到 $\nu+d\nu$ 范围内,所辐射的能量为 dE,则 $dE=f(\nu)d\nu$,其中 $f(\nu)$ 称为辐射能量密度函数,该函数可以由实验给出.然而对它的理论解释,经典物理遇到了极大困难,曾被称之为"紫外光灾难".正是因为对这个"灾难"的成功解释,才使人们进入量子时代.

【实验方法】

1. 测量物体表面不同的辐射率的实验系统如图 6.1.1 所示,按图 6.1.2 所示正确连接欧姆表和毫伏表.打开热辐射立方体的电源开关,把功率开关置到"HIGH"即"高"的位置上,观察欧姆表.当欧姆表读数下降到 40KΩ 时,将功率开关打到 5.0 挡的位置上.

当热辐射立方体达到热平衡(欧姆表的读数在一个相对稳定的位置附近)时,用辐射传感器分别测量立方体的四个表面放出的辐射能数值.注意在测量时要使传感器与立方体表面的距离相同.

图 6.1.1　热辐射仪

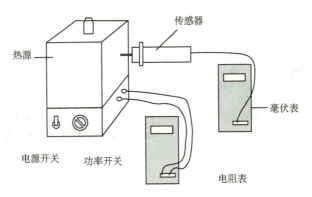

图 6.1.2　热辐射实验结构图

在相应的表格中记录测量值,同时也要测量和记录电阻的阻值,对照立方体下面的底座电阻值,确定相应的温度值.

调节功率开关的挡位,首先打到 6.5,然后再打到 8.0,最后定在"HIGH"位置上.在每一个功率设定值时都要等到热平衡,然后重复步骤(2)和(3),并且记录结果到相应的表格中.

用辐射传感器测量房间里多个物体辐射的相对幅值,在另外一张纸上画一个表,分析数据,给出实验结果.

2. 热辐射吸收与传递.

将传感器放到距离立方体黑色表面约 5cm 的位置,记录读数.将一块玻璃放到传感器与白炽灯中间.观察玻璃是否有效地阻挡了热辐射?

拿去立方体的盖子或使用 Stefan-Boltzmann 灯,重复步骤(1)中的测量.但要使用不带盖子的白炽灯而不是黑色的表面.然后用其他的材料重复相同的步骤,分析实验结果.

【注意事项】由于带热源的辐射立方体温度较高,操作时不要触摸实验仪器,以免烫伤自己.

【探索思考】热辐射的应用有哪些?

6.2　黑体辐射

【实验内容】了解黑体辐射现象.

【物理原理】任何物体都具有不断辐射、吸收、发射电磁波的本领.辐射出去的电磁波在各个波段是不同的,也就是具有一定的频谱分布.这种频谱分布与物体本身的特性及其温度有关,因而被称之为热辐射.为了研究不依赖于物质具体物性的热辐射规律,物理学家们定义了一种理想模型——黑体(black body),以此作为热辐射研究的标准物体.

所谓黑体是指入射的电磁波全部被吸收,既没有反射,也没有透射(当然黑体仍然要向外辐射).显然自然界不存在真正的黑体,但许多物体是较好的黑体近似(在某些波段上).基尔霍夫(Kirchhoff)辐射定律,在热平衡状态的物体所辐射的能量与吸收的能量之比与物体本身的性质无关,只与波长和温度有关.按照这一定律,在一定温度下,黑体必然是辐射本领最大的物体,可叫做完全辐射体.

【实验方法】

1. 如图 6.2.1 所示,打开接 U 形管的通气孔,使 U 形管内液体平衡,再关闭密封.

2. 吸收面不同,一面为黑,一面为白,用同一光源照射,观察压力计中液面变化,比较不同表面的吸收本领.

3. 吸收面相同,一面为黑,另一面也为黑,用同一个部分表面涂成白色,部分表面涂成黑色的热源做辐射体,观察压力计中液面的变化,比较不同表面的吸收本领.

【注意事项】轻拿轻放,小心打破玻璃球体.

【探索思考】现实世界不存在这种理想的黑体,那么用什么来刻画这种差异呢? 对任一波长,定义发射率为该波长的一个微小波长间隔内,真实物体的辐射能

图 6.2.1 黑体辐射

量与同温下的黑体的辐射能量之比.显然发射率为介于 0 与 1 之间的正数,一般发射率依赖于物体特性.如果发射率与波长无关,那么可把物体叫作灰体(grey body),否则叫选择性辐射体.

6.3 光电效应

【实验内容】研究光电效应.

【物理原理】一些金属受光照射后有电子逸出的现象称为光电效应.根据爱因斯坦假设,光是由光子组成的,每个光子的能量 $E = h\nu$,其中:h 为普朗克常量,ν 为光的频率.当金属受到光照射时,金属中的电子在吸收一个光子的能量后,部分能量用于克服该电子逸出金属表面所需的逸出功 W,另一部分转化为电子的初动能 $\frac{1}{2}mv^2$,根据能量守恒和转换定律

$$E = h\nu = \frac{1}{2}mv^2 + W$$

这就是爱因斯坦光电效应方程.

将频率为 ν,光强为 P 的光照射到光电管阴极,即有光电子从阴极逸出,形成光电流 I_P.在阴极 K 和阳极 A 之间加反向电压 U_A,则电极 K、A 之间的电场使逸出的电子减速,随着电压 U_A 的增加,到达阳极的光电子减少.当 $U_A=U_S$ 时,光电流 I_P 降到 0.测量出此时的 U_A,即为频率为 ν 光照射时的光电效应遏止电压.

【实验方法】

1. 如图 6.3.1 所示装置左边为光电管,右边为电气箱.打开电气箱的电源开关,预热 10 分钟.

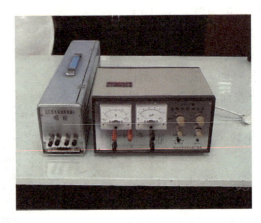

图 6.3.1　光电效应

2. 将红色滤光片插入上镜筒中,打开光源开关,调节加速电压,电压方向、电流信息旋钮,使光电流达到饱和.换其他滤光片,饱和电流亦改变.

3. 用手挡住进光孔,光电流立即消失,移开手,光电流立即产生,说明光电流的产生过程是瞬时性的.

4. 改变光源至光电管间距,可发现光电流与距离平方成反比,即与光强成正比.

5. 调节电压方向及电压值,可使光电流减为 0,得出截止电压.

【注意事项】

1. 本仪器不得在强光照射下工作.更换、安装滤波片时必须将汞灯出光口盖上,要避免各种光直接进入暗盒.滤波片要平整、完全放入套架.

2. 测量时不要震动仪器及连线,不要改变汞灯与暗盒的距离,否则实验数据将出现误差.

3. 手动测量时待显示稳定后读数.

【探索思考】

1. 遏止电压是否与滤光片的颜色有关?

2. 逸出电压(电子要从金属中逸出必须至少具有能量 W,而在一定温度下,这个能量则需要外加电场来克服.当加的电压刚好使电子能逸出金属表面时,此时的电压值就叫做逸出电压)与光强有关吗?

 6.4 密立根油滴

【实验内容】验证电荷的量子性及测量基本电荷电量.

【物理原理】描写微观物体的物理量都是量子化的,电荷也不例外.密立根(Millikan)油滴仪利用带电的油滴测定电子电量,关键在于测出油滴的带电量.测定油滴的带电量通常有两种方法:一种方法为动态测量法,即测出某一油滴在受重力作用时下落的速度 v_g 和受电场力作用上升的速度 v_e,从而确定该油滴的电量;另一种方法为平衡测量法,即使油滴所受电场力正好与重力相互抵消而达到平衡,从而确定该油滴所带的电量.实验发现,对于某一颗油滴,如果我们改变它所带的电量 q,则能够使油滴达到平衡的电压必须是某些特定值 U,研究这些电压变化的规律,可发现它们都满足下列方程:

$$q = mg\frac{d}{U} = ne$$

式中,$n = \pm 1, \pm 2, \cdots$,而 e 则是一个不变的值,d 为平行极板间的距离.

对于不同的油滴,可以发现有同样的规律,而且 e 值是共同的常数.由此可见,所有带电油滴所带电量 q 都是最小电量 e 的整数倍,这就证明了电荷的不连续性,且最小电量 e 就是电子的电荷值:$e = \dfrac{q}{n}$.

【实验方法】

1. 如图 6.4.1 所示,打开监视器和油滴仪的电源,5s 后自动进入测量状态,显

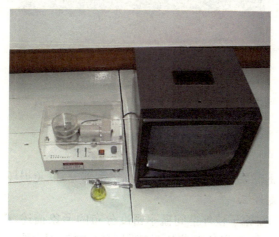

图 6.4.1 密立根油滴仪

示标准分划板刻度线及 U 值、S 值.

2. 用喷雾器向喷油孔内喷油,监视器上可观察到油滴的运动,调节极板上电压的极性、大小,可使某油滴平衡或匀速运动. 由此可测出基本电荷的电量.

【注意事项】要做好油滴实验油是很重要的,对油的要求有五条:要纯净;黏滞系数随温度的变化要小;雾化时要容易带电,但带电量不能多;油的挥发性要小;油的密度随温度的变化要小.

【探索思考】

1. 油滴在电场中能静止,是哪些力大小相等,方向相反,作用在同一直线上?

2. 撤去电场后,油滴作匀速运动时哪些力是一对作用力与反作用力?

6.5 卢瑟福散射实验

【实验内容】了解卢瑟福原子模型.

【物理原理】在原子的中心有一个很小的核,叫原子核. 原子的全部正电荷和几乎全部质量都集中在原子核里,带负电的电子在核外空间里绕着核旋转. 按照这个模型说,α 粒子入射时,影响其运动的主要是原子核,核外电子的影响很小. 当极少数 α 粒子离核非常近时,就会发生大角度散射,这是与卢瑟福粒子散射实验相一致的.

【实验方法】如图 6.5.1 所示,以弹珠模拟 α 粒子,拿一个球沿着轨道多次滚出,观察现象.

图 6.5.1 卢瑟福散射实验仪

【注意事项】钢球要轻拿轻放,不要砸到模型部分,以免损坏.

【趣味拓展】电子云

电子云是电子在原子核外空间概率密度分布的形象描述,电子在原子核外空间的某区域内出现,好像带负电荷的云笼罩在原子核的周围,人们形象地称它为

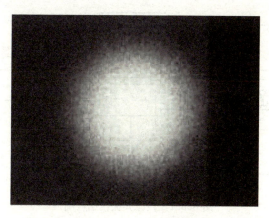

图 6.5.2　电子云示意图

"电子云".

　　电子云是用统计的方法,对核外电子的空间分布方式的形象描绘,它区别于行星轨道模型.电子有波粒二象性,它不像宏观物体的运动那样有确定的轨道,因此画不出它的运动轨迹.不能预言它在某一时刻究竟出现在核外空间的哪个地方,只能知道它在某处出现的机会有多少.为此,就以小白点的疏密来表示单位体积内电子出现几率(即几率密度大小),如图 6.5.2 所示.小白点密处表示电子出现的几率密度大,小白点疏处几率密度小,看上去好像一片带负电的云状物笼罩在原子核周围,因此叫电子云.在量子力学中,用一个波函数 $\Psi(x,y,z)$ 表征电子的运动状态,这个波函数满足薛定谔方程,则它的模的平方 $|\Psi|^2$ 值表示单位体积内电子在核外空间某处出现的几率,即几率密度,所以电子云实际上就是 $|\Psi|^2$ 在空间的分布.

6.6　核磁共振实验

　　【实验内容】了解核磁共振(NMR)的原理及观察核磁共振现象.

　　【物理原理】核磁共振是指受电磁波作用的原子核系统在外磁场中能级之间发生共振跃迁的现象.

　　核磁共振的物理基础是原子核的自旋.泡利在 1924 年提出核自旋的假设,1930 年在实验上得到证实.1932 年人们发现中子,从此对原子核自旋有了新的认识:原子核的自旋是质子和中子自旋之和,只有质子数和中子数两者或者其中之一为奇数时,原子核具有自旋角动量和磁矩,这类原子核称为磁性核,只有磁性核才能产生核磁共振.由于核磁矩是量子化的,满足一定条件时在磁场中会产生共振吸收.

　　【实验方法】实验装置结构如图 6.6.1 所示.由永久磁铁提供强磁场 B_0,样品放在与射频电源相联的脉冲磁场中.

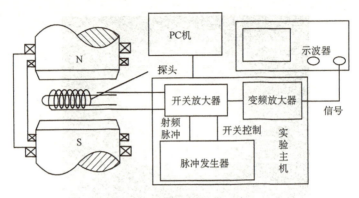

图 6.6.1　核磁共振仪结构图

1. 参数设置

首先调节共振频率,然后调节匀场(X, Y, Z, R^2 共同交替调节),调节的最佳状态是黑色的自由衰减信号衰减最慢最均匀,而且红色的一维傅里叶变换信号最尖锐. 注意:在参数设置中,为了更容易找出最佳共振频率和匀场电流值,最好用纯净水(条件允许的话最好掺入少量硫酸铜)作样品. 因为纯净水的信号较强,且 FID 信号一维傅里叶变换后只有一个波峰,比较容易判断最佳状态. 参数调到最佳状态后,在测量弛豫时间之前还要加大 Z 梯度,使一维傅里叶变换曲线变得矮平. 在上面两个准备工作做好之后,就可以测量 T_1, T_2 了.

2. 用自旋回波测量横向弛豫时间 T_2

点开"脉冲时序控制"这一页,在脉冲方式中选择自旋回波测量 T_2,点击采集数据复选框,信号曲线就在下面出现了. 在采集数据的同时要调节脉冲序列,使之为标准的自旋回波序列. 调节的对象是:第一脉冲宽度、第二脉冲宽度、脉冲间隔和重复时间这四项,其含义在概图中可以看到. 第一脉冲宽度是自旋回波中发射的第一个脉冲,即 $90°$ 脉冲. 第二脉冲宽度是自旋回波中发射的第二个脉冲,即 $180°$ 脉冲. 判断 $180°$ 脉冲的依据仍然是其作用原理. 在 $90°$ 脉冲过后,H 质子磁矩从旋转坐标系中的 Z 轴旋转到 XY 平面. 之后由于磁场的不均匀性和横向弛豫等原因,磁矩开始散相,接收到的信号和也越来越小,即信号逐渐衰减,形成自由衰减信号,采集信号曲线.

3. 反转恢复序列测量 T_1

回到脉冲时序控制这一程序. 在脉冲方式中选择反转恢复测 T_1,并点击采集数据复选框. 首先设置反转恢复脉冲序列. 与自旋回波序列相反,反转恢复序列的第一个脉冲是 $180°$ 脉冲,第二个脉冲是 $90°$ 脉冲. 如果之前用自旋回波法测过 T_2,那么这两个脉冲宽度只要与自旋回波的相反即可. 如果没有设置过自旋回波,那么需要重新设置.

180°脉冲使 H 质子磁矩从旋转坐标系中的正 Z 轴旋转到负 Z 轴,然后纵向磁矩沿着 Z 轴从最大负值处慢慢经过零点恢复到正值处,所用的恢复时间就是 T_1. 位于 XY 平面内的信号接收线圈在 180°脉冲作用瞬间接收不到任何信号,因此信号大小为零. 示波器中第一个红点位置是 180°脉冲过后采集到的第一个信号,该信号为零时的第一脉冲宽度就是 180°脉冲. 如果在 180°脉冲过后立即发送 90°脉冲,那么翻转到 XY 平面上的信号幅值应该是负值的最大值. 图中第二个红点位置是 90°脉冲作用瞬间后采集的第一个信号. 90°脉冲的判定方法是脉冲间隔设为零,调节第二脉冲宽度上下按钮,当第二个红点位置处幅值达到最低值时即为 90°脉冲.

反转恢复脉冲序列设置好后,调节脉冲间隔按钮. 因为 90°脉冲使 Z 轴上残余的质子磁矩翻转到 XY 平面,当第二个红点位置达到零时说明此时的纵向磁矩正好恢复到零点处. 而纵向磁矩恢复到零点时所用时间(也就是脉冲间隔)恰好是 T_1 的 ln2 倍. 这时点击"计算 T_1"按钮,在其右边会显示出 T_1 的大小.

【注意事项】核磁共振的实验测量用试液要妥善保管.

【兴趣拓展】核磁共振的发现和发展

早在 1924 年,奥地利物理学家泡利就提出了某些核可能有自旋和磁矩. 施特恩和格拉赫 1924 年在原子束实验中观察到了锂原子和银原子的磁偏转,并测量了未成对电子引起的原子磁矩. 1933 年斯特恩等人测量了质子的磁矩.

1939 年比拉第一次进行了核磁共振的实验. 1946 年美国的珀塞尔和布洛赫同时提出质子核磁共振的实验报告. 他们首先用核磁共振的方法研究了固体物质、原子核的性质、原子核之间及核周围环境能量交换等问题. 为此他们两位获得 1952 年诺贝尔物理奖.

核磁共振技术开始测量的主要是氢核,因为其核磁共振信号较强. 随着仪器性能的提高,^{13}C、^{31}P、^{15}N 等的核也能测量,仪器使用的磁场也越来越强. 50 年代制造出 1T(特拉斯)磁场,60 年代制造出 2T 的磁场,并利用超导体制造出 5T 的超导磁体. 70 年代造出 8T 磁场. 现在已能够制造出数十特斯拉的超强磁体,核磁共振技术已经被应用到物理、化学、材料和医学等众多领域.

【探索思考】核磁共振有哪些医学应用?

 ## 6.7 电子顺磁共振实验

【实验内容】了解电子顺磁共振的特点与应用.

【物理原理】1927 年施特恩-格拉赫(Stern-Gerlach)从实验中发现电子具有自旋,称之为电子自旋共振(ERS). 电子自旋有两个取向,所以在磁场中会产生能级分裂而产生共振吸收,与此同时还必须考虑其轨道磁矩的贡献,所以又称其为电子顺磁共振(EPR). 电子顺磁共振是直接探测和研究含有未成对电子的顺磁性物质的先进技术.电子顺磁共振谱仪大多数工作在微波波段,这样可获得较高的灵敏度.实验装置如图 6.7.1 所示,其结构如图 6.7.2 所示.

图 6.7.1　电子顺磁共振实验仪

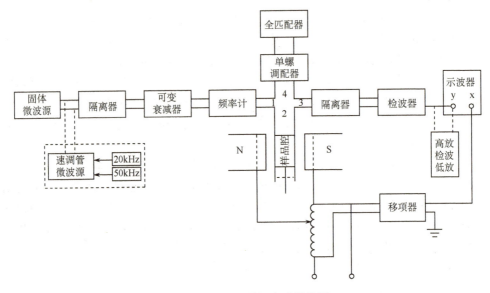

图 6.7.2　顺磁共振实验结构图

【实验方法】

1. 了解和熟悉仪器各部分的功能和使用,连接好线路.当采用不同的微波源时,实验前要求开启各部分仪器电源并使其进入工作状态.

2. 微波桥路,测出微波频率,使谐振腔处于谐腔状态,试将样品置于恒定磁场均匀处和交变磁场最强处.

3. 加上适当的扫场,缓慢地改变电磁铁的励磁电流,搜索 EPR 信号.当磁场满足共振条件时,在示波器上便可看到 EPR 信号.

4. 由于样品在共振时影响腔内的电磁场分布,腔的固有频率略有变化,因此在寻找到 ESR 信号以后,应细调谐振腔长度、样品位置以及单螺调配器等有关部件,使 ESR 信号幅值最大和形状对称.

5. 用特斯拉计测量共振磁场 B_0 的大小,由公式求出 g 因子.

【注意事项】实验前要熟练掌握示波器的使用.

【探索思考】

1. EPR 的基本原理是怎样的?

2. 应怎样调节微波系统才能搜索到共振信号? 为什么?

6.8 二氧化碳激光

【实验内容】了解大功率二氧化碳激光器.

【物理原理】1917 年爱因斯坦提出了"受激辐射"理论,这一理论是说在组成物质的原子中,有不同数量的粒子(电子)分布在不同的能级上,在高能级上的粒子受到某种光子的激发,会从高能级跃迁到低能级上,这时将会辐射出与激发它的光相同性质的光,这种辐射称为受激辐射.而且在某种状态下,能出现一个弱光激发出一个强光的现象,这就叫做"受激辐射的光放大",简称激光.二氧化碳激光器以二氧化碳作为工作物质,能够产生较高能量,属于大功率激光发生器,实验装置如图 6.8.1 所示.

图 6.8.1 二氧化碳激光器

【实验方法】

1. 开机与待机,插上电源插头,顺时针旋转锁开关启动电源,此时绿色指示灯亮,表示电源已经接通,机器进入待机状态,同时冷却水泵工作,水冷指示灯亮,从冷水窗可以观察到有冷却水流动.

2. 按下准备按键,准备指示灯亮,根据实验需要,适当选择激光输出功率 1~10 挡中的一挡并把"手枪筒"前端的输出刀头对准石棉板,准备观察激光发射时工作电流的大小.

3. 用手指按在"手枪筒"上的扳机,此时激光发射灯亮,表明机器已经发射激光束,可在石棉板上观察激光束打出的亮点,同时显示工作电流大小.如果按住扳机不放,可得连续输出的激光束,放开扳机则中断激光发射.(注意:连续输出激光时间应控制在 20 分钟内,以延长激光的寿命,间断输出激光以手扣扳机时间随意调整.)

4. 关机,松开"手枪"上的扳机,终止激光发射,将准备开关弹起,并关掉钥匙电源开关.

【注意事项】

1. 严防激光误伤人眼,现场有关人员应配戴防护眼镜,在激光出口处不要站人,以防万一.

2. 功率调节时,如出现调节键"乱跳",请检查并接好电源地线.

3. 操作中如遇到紧急情况,请按下紧停按钮,可及时切断电源,全部停机工作.

【兴趣拓展】激光武器

激光由于其方向性好,亮度高、强度大等特性而应用于军事上.激光武器是一种利用沿一定方向发射的激光束攻击目标的定向武器,具有快速、灵活、精确和抗电磁干扰等优异性能,在光电对抗、防空和战略防御中可发挥独特作用.激光武器的突出优点是反应时间短,可拦击突然发现的低空目标,用激光拦击多目标时,能迅速变换射击对象,灵活地对付多个目标.

激光武器的分类:一是致盲型,现有的机载致盲武器,就属于这一类;二是近距离战术型,可用来击落导弹和飞机;三是远距离战略型,它可以反卫星、反洲际弹道导弹,成为最先进的防御武器.

激光怎样击毁目标呢? 科学家认为有两个方面:一是穿孔,二是层裂.所谓穿孔,就是高功率密度的激光束使靶材表面急剧熔化,进而汽化蒸发,汽化物质向外喷射,反冲力形成冲击波,在靶材上穿一个孔.所谓层裂,就是靶材表面吸收激光能量后,原子被电离,形成等离子体"云","云"向外膨胀喷射形成应力波向深处传播,应力波的反射造成靶材被拉断,形成"层裂"破坏.除此以外,等离子体"云"还能辐射紫外线或 X 射线,破坏目标结构和电子元件,如图 6.8.2 所示.

激光武器的缺点是:不能全天候作战,受限于大雾、大雪、大雨,且激光发射系统属精密光学系统,在战场上的生存能力有待考验.

【探索思考】请思考大功率激光在其他领域有什么具体应用?

图 6.8.2　激光武器摧毁目标

二、综合实验

6.9　大型混沌摆

【实验内容】通过混沌摆的运动,演示该力学系统的混沌性质.

【物理原理】一个动力学系统,如果描述其运动状态的动力学方程是线性的,则只要初始条件给定,就可预见以后任意时刻该系统的运动状态.如果描述其运动状态的动力学方程是非线性的,则以后的运动状态就有很大的不确定性,其运动状态对初始条件具有很强的敏感性和内在的随机性.对于一个非线性系统,常常一个很小的扰动,会引起很大的差异,导致不可预见结果的出现,这种现象我们称之为混沌.

【实验方法】如图 6.9.1 所示装置称为混沌摆.手持轴柄给系统施加一冲量矩,系统开始运动,运动情况复杂,前一时刻难以预言后一时刻的运动状态.重新启动,由于初始状态的不同,系统的运动情况就差别很大.这反映了系统运动的混沌性质.

【注意事项】注意安全,防止手柄背后的大螺帽脱落.

【探索思考】自然界中有哪些日常能看得到的混沌现象?

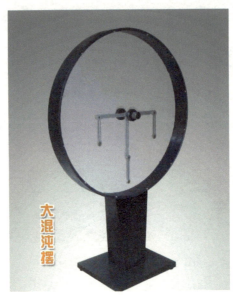

图 6.9.1　大型混沌摆

6.10　洛伦茨吸引子和混沌同步控制实验

【实验内容】观察洛伦茨吸引子和混沌同步控制.

【物理原理】1961 年冬季的一天,美国麻省理工学院气象学家洛伦茨(Lorenz)为了预报天气,用计算机求解仿真地球大气的 13 个方程式.以便更细致地分析数据,洛伦茨考察了一条更长的序列,但是他走了一条捷径:把一个中间解取出,提高精度再送回.而当一个小时之后,洛伦茨发现,尽管两次运算是从几乎相同的出发点开始的,但是他的计算机产生的天气模式差别越来越大,最终几乎毫无相似之处.计算机是不可能出现错误的,于是,洛伦茨认定,他发现了新的现象:"对初始值的极端不稳定性",即混沌,后来在他的论文中又称这种现象为"蝴蝶效应".之后,洛伦茨又在同事工作的基础上化简了自己先前的模型,得到了只有 3 个变量的一阶微分方程组,由它描述的运动中存在一个奇异吸引子,即洛伦茨吸引子.洛伦茨引子相图如图 6.10.1 所示.

从图中可以看出,洛伦茨吸引子的相图有两个叶,形状似蝴蝶的翅膀,"蝴蝶效应"一词也是由这个图形得出的.

【实验方法】

1. 吸引子实验:如图 6.10.2 所示,将 LC 电路的 X、Y 端与示波器的 X、Y 端相连,把信号源电位器反时针调到零.接通电源,调节 A、B、C 三个电位器,直至示

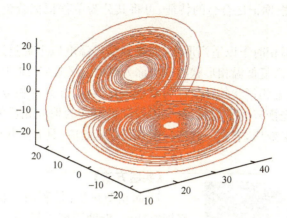

图 6.10.1　洛伦茨引子相图

图 6.10.2　洛伦茨引子实验仪

波器屏上得到吸引子（$R_A = 70K$，$R_B = 90K$，$R_C = 10K$）. 改变 R_C 的大小观察周期——吸引子——周期反复交替的变化.

2. 混沌同步控制：用两台仪器，一台作驱动，一台作响应，都将开关拨向"标准参数". 二台仪器的 X 端分别接到示波器的 X、Y 端，示波器屏上出现一团无规则的不稳定相图. 将驱动器背面开关向下拨，响应器背面开关向上拨，再把两机的同步、信号源分别对接起来. 示波器上可观察到一条斜线，表明两机输出信号已同步.

【探索思考】混沌现象是怎样出现的?

 6.11　形状记忆合金

【实验内容】形状记忆合金的特性

【物理原理】根据记忆合金的特征,可将其分为单程记忆合金、双程记忆合金和全程记忆合金.

合金处于低温相时予以适当形变,加热到临界温度以上通过逆相变恢复其原始形状,冷却时不恢复低温相形状的现象称为单程记忆效应.加热时恢复高温相形状,冷却时恢复低温相形状的现象称为双程记忆效应.加热时恢复高温相形状,冷却时由高温形状先恢复为平直状,继续冷却则最终变为取向相反的高温相形状的现象称为全程记忆效应,它是一种特殊的双程记忆效应.具有形状记忆效应的合金称之为形状记忆合金.

【实验方法】

1. 涡轮型热机:是利用形状记忆合金的记忆恢复特性,借助温度差异,通过记忆合金的相变行为,在从动轮上产生力矩差,借助摩擦力驱使双轮转动,将热能转化为机械能的装置,如图6.11.1所示.

采用 TiNiCu 记忆合金丝,以热水为热源,热水温度为 65～85℃.操作时,需将黄铜轮底部的记忆合金丝浸入热水中并赋予从动轮以惯性使之启动,则双轮即可连续转动.

2. 偏心曲柄型热机:是利用形状记忆合金的记忆恢复特性,借助不同温区之间的力矩差驱使轮盘转动的装置,如图6.11.2所示.

图 6.11.1　涡轮型热机

图 6.11.2　偏心曲柄型热机

采用 TiNiCu 记忆合金丝,以热水为热源,热水温度为 65～85℃.操作时,将热机置于热水容器中,使热水浸至轴心则大、小双轮即可连续转动.

3. 偏心曲柄型发电热机：发电热机是利用形状记忆合金记忆恢复特性，借助记忆合金弹簧在不同温区（室温温度、热水温度）之间产生的力矩差驱动轮盘并通过皮带拖动发电机转子连续转动的装置，如图 6.11.3 所示.

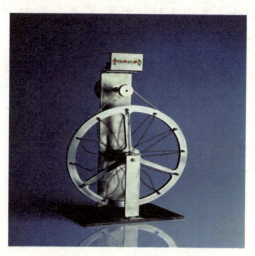

图 6.11.3　偏心曲柄型发电热机

采用 TiNiCu 记忆合金弹簧，以热水为热源，热水温度为 85～90℃. 操作时，将热机置于热水容器中，使热水浸至轴心即可.

4. 划水型热机：是利用记忆合金的双程记忆恢复特性，借助记忆合金片在热水中通过记忆恢复产生划水动作，在室温条件下自动恢复，如此周而复始驱动轮盘转动的装置，如图 6.11.4.

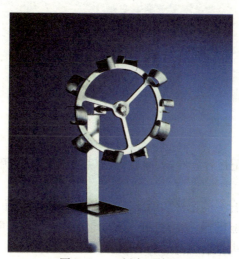

图 6.11.4　划水型热机

采用 TiNi 记忆合金片，以热水为热源，热水温度为 60～80℃. 操作时仅将最下端两片记忆合金片浸于热水中即可.

5. 记忆合金花：是利用形状记忆合金的双程记忆效应制成的，随温度变化可自行开、闭的仿菊花花朵，如图 6.11.5 所示. 采用 CuZnAl 记忆合金片，以热水或热风为热源，开闭温度为 85℃以上.

图 6.11.5　记忆合金花

6. 记忆合金弹簧：是利用形状记忆合金的双程记忆效应制成的，随温度变化可自行伸缩的感温驱动元件，如图 6.11.6 所示.

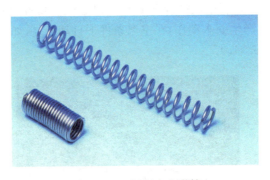

图 6.11.6　记忆合金弹簧

采用 CuZnAl 记忆合金丝，表面镀锡，以热水或热风为热源，伸缩温度为 70℃以上.

利用形状记忆合金的记忆功能的工程应用实例很多，主要包括：管接头、紧固环、电接插件、感温驱动器、微型机械人等. 其应用领域涉及航空、航天、舰船、兵器等军工领域以及防火报警、控温阀门、通信、保安等民用领域.

TiNi 合金因其具有优良的机械性能、腐蚀抗力和生物功能性及生物相容性而被认为是最好的生物材料之一. 目前，TiNi 合金在生物医学领域的应用主要包括口腔科正畸材料、根管锉、骨科固定器和接骨钉、记忆合金内窥镜、人体医学支架、导丝和过滤器等.

【注意事项】操作过程中不要长期把记忆合金浸泡在热水中.

【探索思考】形状记忆合金的常见应用有哪些？

 6.12　氢能实验

【实验内容】使学生通过该演示实验了解太阳能和氢能利用的原理

【物理原理】质子交换膜氢燃料电池（PEMFC）工作原理如下：首先让氢气通过管道或导气板到达阳极；在阳极催化剂的作用下，1 个氢分子解离为 2 个氢离子，并释放出 2 个电子，阳极反应为：$H_2 \rightarrow 2H^+ + 2e$. 而在电池的另一端，氧气（或空气）通过管道或导气板到达阴极，在阴极催化剂的作用下，氧分子和氢离子与通过外电路到达阴极的电子发生反应生成水，阴极反应为：$O_2 + 4H^+ + 4e \rightarrow 2H_2O$. 因此，总的化学反应为

$$2H_2 + O_2 = 2H_2O$$

电子在外电路形成直流电. 因此，只要源源不断地向燃料电池阳极和阴极供给氢气和氧气，就可以向外电路的负载连续地输出电能.

【实验方法】

1. 如图 6.12.1 所示，同时打开氢气阀和氧气阀，使之与空气连通.

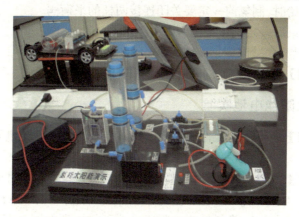

图 6.12.1　氢能太阳能装置

2. 旋开两个储气柱顶端的旋塞，打开连通两个储气柱的平衡阀.

3. 将去离子水从两个储气柱中的任意一个顶端加入，至水面达到两柱下半部的四分之三高度即可.

4. 关闭平衡阀，关闭氢气阀和氧气阀.

实验一：氢能的利用

1. 将直流电源的输出端子插入电解槽的相应插座.

2. 将氢燃料电池的供氢管插入氢气阀的速插头内,拔掉氢电池上的所有白色塞子.

3. 打开电源,电解水制氢,可以看到储气柱下半段中的水被排入上半段中,当氢气柱下半段被氢气充满,开始冒出气泡时,关闭电源.

4. 打开氢气阀,为氢燃料电池供氢,此时氢气在燃料电池中与空气中的氧气反应发电.

5. 将氢燃料电池的输出端连接到负载,可以观察到负载的小风扇在燃料电池供电下工作.

实验二：氢能燃料汽车演示

1. 将直流电源的输出端子插入电解槽的相应插座.

2. 将氢燃料汽车储氢筒的充氢管插入氢气阀的速插头内,打开充气阀.

3. 打开电源,电解水制氢,可以看到储氢筒中的气球逐渐膨胀,待充满储氢筒,关闭电源.

4. 拔掉氢电池上的所有白色塞子,为氢燃料电池供氢,此时氢气在燃料电池中与空气中的氧气反应发电,为蓄电池充电.

5. 打开供电开关,小车在燃料电池驱动下开始运转.

【注意事项】

1. 实验开始时,制氢前一定要关闭连接两柱的平衡阀.

2. 实验结束后一定记住塞上所有白色塞子.

3. 氢气易燃,实验时应远离明火.

【探索思考】太阳能电池的开发瓶颈在哪里?

6.13　太阳能电池实验

【实验内容】组装开放式的染料敏化太阳能电池并对其光电转换性能进行测试与演示.

【实验原理】染料敏化太阳能电池由光阳极、电解质以及对电极三个部分组成.这三个部分构成一种"三明治"结构.其中,光阳极由透明导电衬底、纳米晶多孔薄膜以及染料分子构成.染料敏化太阳能电池工作原理如图 6.13.1 所示,光电转换过程包含以下四个部分.

激子的产生与分离过程.光照条件下,染料分子捕获光子并被激发到高能态,然后向二氧化钛纳米晶体的导带注入一个电子.染料分子由于失去电子而被氧化,成为一个带正电的"空穴".染料分子随后从电解质中的氧化还原电偶获取一个电子而被还原,并将"空穴"传到电解质.

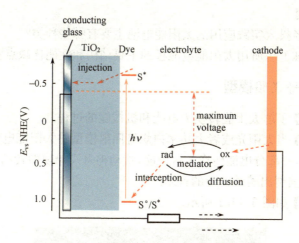

图 6.13.1　太阳能电池光电转化原理示意图

光生电子与"空穴"的收集过程. 二氧化钛多孔薄膜将染料分子注入的电子收集起来,并传导至导电衬底上. "空穴"通过电解质中的传质过程扩散到对电极/电解质界面处.

做功与电子、"空穴"在对电极/电解质界面的复合过程. 被收集的电子通过外电路做功以后传导到对电极. 并与电解质中的"空穴"发生复合,完成一个周期.

纳米晶/染料分子/电解质界面的电荷复合过程. 与电子、"空穴"在对电极/电解质界面的复合过程不同,这一复合过程直接造成电池的光电转换过程的能量损失,是目前制约电池效率提高的重要影响因素.

【实验方法】 如图 6.13.2 所示.

1. 采用大片经过染料敏化处理后的 TiO_2 薄膜组装染料敏化太阳能电池.

2. 将电池中的导电玻璃与对电极分别与小马达的两只电极连接.

3. 开启太阳模拟器,将电池置于光照条件下,观察马达是否可以转动,翻转电池,观察马达转动状态的改变规律.

【注意事项】 实验完毕,关闭电源,清洗匀胶机底部托盘,清洗太阳能电池电极引线与夹具.

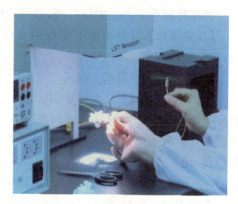

图 6.13.2　能量转换演示图

【探索思考】

1. 目前已经投入实践应用的太阳能电池主要有哪些种类?

2. 人造地球卫星所用太阳能电池板的主要结构和性能优缺点?

6.14　神舟飞船模型

【实验内容】了解太阳能转换为电能和机械能的过程.

【物理原理】当太阳光或者大功率白炽灯照射模型的太阳能电池板时,光能转变为电能.进而,一部分电能转换为机械能,带动神舟飞船模型转动;另一部分电能供给发声装置,演奏出美妙动听的音乐.

【实验方法】如图 6.14.1 所示.

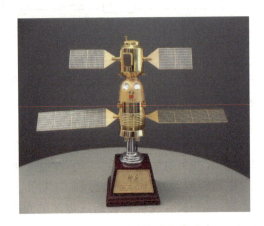

图 6.14.1　神舟飞船模型

直接将模型上方的大灯打开,就可以听到声音信号及转动过程.

【注意事项】因为太阳电池板的表面是膜结构制品,不能将大灯离膜位置太近,以免灼伤膜表面.

【兴趣拓展】中国载人航天

2003 年 10 月 15 日 9 时整,我国第一艘自行研制的载人飞船神舟五号在中国酒泉卫星发射中心发射升空.9 时 9 分 50 秒,神舟五号准确进入预定轨道.这是中国首次进行载人航天飞行.乘坐"神舟"五号载人飞船执行任务的航天员是 38 岁的杨利伟.他在太空中围绕地球飞行 14 圈,经过 21 小时 23 分、60 万公里的安全飞行后,于 16 日 6 时 23 分在内蒙古主着陆场成功着陆返回.

2005 年 10 月 12 至 17 日,我国成功进行了第二次载人航天飞行,也是第一次将两名航天员——费俊龙、聂海胜同时送上太空.

2008 年 9 月 25 日,我国第三艘载人飞船神舟七号成功发射,三名航天员翟志刚、刘伯明、景海鹏顺利升空. 27 日,翟志刚身着我国研制的"飞天"舱外航天服,在刘伯明的辅助下,进行了 17 分 35 秒的出舱活动. 中国随之成为世界上第三个掌握空间出舱活动技术的国家. 2008 年 9 月 28 日傍晚时分,神舟七号飞船在顺利完成空间出舱活动和一系列空间科学试验任务后,成功降落在内蒙古中部阿木古朗草原上.

图 6.14.2 神舟九号对接画面

2012 年 6 月 16 日 18 时 37 分,神舟九号飞船在酒泉卫星发射中心发射升空. 2012 年 6 月 18 日约 11 时左右转入自主控制飞行,14 时左右与天宫一号实施自动交会对接. 这是中国实施的首次载人空间交会对接. 6 月 29 日,三名宇航员成功返回地面. 神舟九号对接画面如图 6.14.2 所示.

6.15 声光调制

【实验内容】观察超声光栅的衍射图样.

【物理原理】超声波是一种声波,它的频率比人耳通常能够听到的声音的频率高. 压电晶体在 2~5MHz 频率的功率振荡器激发下,可以产生频率在 10^8 Hz 的超声波. 当把能激发超声波的压电晶体放在盛有蒸溜水的液槽中,超声波在液体介质中传播,就在液体中形成周期性的互相交替的一组压缩和膨胀区域. 压缩与膨胀引起液体密度的变化,对光而言,导致液体折射率的变化. 若使在液槽中的超声波从液体的上表面反射,此时入射的超声波与反射的超声波将在液体中形成超声驻波,具有密度变化的周期结构,从而具有折射率变化的周期结构. 光通过这种液体时,引起改变的不是光的振幅,而是光波的相位,起着一个相位光栅的作用. 人们称这种载有超声波的透明液体称为超声光栅. 当把一束平行光垂直于超声驻波的方向入射到液体上时,则光束将产生衍射,在屏上将会看到一系列的明暗相间的衍射条纹.

【实验方法】实验装置如图 6.15.1 所示.

1. 开启激光器,激光经扩束镜扩束后射到准直镜上,以大于超声液槽窗口的平行光束垂直于超声波传播方向投射到液槽,自液槽窗口射出的光经扩束镜后投射到位于其焦平面上的观察屏. 当

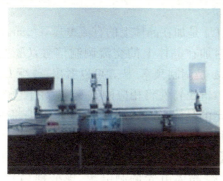

图 6.15.1 声光调制实验仪

高频振荡器未接收电源时,平行光经过液槽不产生衍射现象,在屏上只看到一个亮点.

2. 接通信号电源,选用正弦波,将信号源输出旋钮调到最大输出,固定一定频率.此时,在观察屏上可以看到超声光栅衍射所产生的衍射图样.

3. 选用频率为 2.4MHz 的压电晶体,改变信号源输出频率,观察屏上会周期性出现清晰的衍射图样.

【注意事项】

1. 向液槽注入水时,一定不要过满.

2. 盖上盖子时,不要用力过猛,以免损坏压电体.

3. 要定期清洗液槽.

6.16　电光调制

【实验内容】学会利用实验装置测量晶体的半波电压和电光系数,观察晶体电光效应引起的晶体会聚偏振光的干涉现象.

【物理原理】当给晶体或液体加上电场后,该晶体或液体的折射率发生变化,这种现象成为电光效应.图 6.16.1 为典型的利用 LiNbO$_3$ 晶体横向电光效应原理的激光振幅调制器.其中起偏器的偏振方向平行于电光晶体的 x 轴,检偏器的偏振方向平行于 y 轴.光强透射率为

$$T = \sin^2 \frac{\pi}{2U_\pi} U = \sin^2 \frac{\pi}{2U_\pi}(U_0 + U_m \sin\omega t)$$

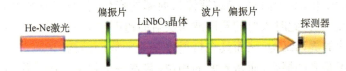

图 6.16.1　电光调制原理图

图 6.16.2　电光调制实验仪

其中:U_0 是加在晶体上的直流电压,$U_m\sin\omega t$ 是同时加在晶体上的交流调制信号,U_m 是振幅,ω 是调制频率.从式可以看出,改变 U_0 或 U_m,输出特性将相应的有变化.对单色光和确定的晶体来说,U_π 为常数,因而 T 将仅随晶体上所加的电压变化.

【实验方法】装置如图 6.16.2 所示.主要包含:晶体电光调制电源、铌酸锂(LiNbO$_3$)电光晶体、He-Ne 激光器及可调电源、

可旋转偏振片、格兰棱镜、光电接收探测器.

1. 观察晶体的会聚偏振光干涉图样和电光效应.

2. 测定铌酸锂晶体的透过率曲线(即 T-U 曲线),求出半波电压 U_π,算出电光系数 γ_{22}.

3. 改变直流偏压,选择不同的工作点,观察正弦波电压的调制特性.

4. 用 1/4 波片改变工作点,观察输出特性.

【注意事项】

1. He-Ne 激光管出光时,电极上所加的直流电压高达千伏,要注意安全.

2. 晶体又细又长,容易折断,电极是真空镀的银膜,操作时要注意,晶体电极上面的铝条不能压的太紧或给晶体施加压力,以免压断晶体.

3. 光电三极管应避免强光照射,以免烧坏. 做实验时,光强应从弱到强,缓慢改变,尽可能在弱光下使用,这样能保证接收器光电转换时线性良好.

4. 电源和放大器上的旋钮顺时针方向为增益加大的方向,因此,电源开关打开前所有旋钮应该逆时针方向旋转到头,关仪器前所有旋钮逆时针方向旋转到头后再关电源.

【探索思考】

1. 本实验中没有会聚透镜,为什么能够看到锥光干涉图? 如何根据锥光干涉图调整光路?

2. 工作点选定在线性区中心,信号幅度加大时怎样失真? 为什么失真,请画图说明.

6.17　磁光调制

【实验内容】了解磁致旋光效应.

【物理原理】如图 6.17.1 所示,置于外磁场中的物体,在光与外磁场作用下,其光学特性(如吸光特性,折射率等)发生变化的现象. 法拉第效应——1845 年由 M. 法拉第发现. 当线偏振光(见光的偏振)在介质中传播时,若在平行于光的传播方向上加一强磁场,则光振动方向将发生偏转. 偏转角度 θ 与磁感应强度 B 和光穿越介质的长度 L 的乘积成正比,即 $\theta = V \cdot B \cdot L$,比例系数 V 称为费尔德常数,与介质性质及光波频率有关. 偏转方向取决于介质性质和磁场方向.

【实验方法】如图 6.17.2 所示,磁光调制实验仪是一台综合研究磁光效应的实验仪器. 通过该实验仪可以学习法拉第效应的原理,并通过偏振光正交消光法测量样品的费尔德常数,还可以通过磁光调制的方法确定消光位置,从而提高测量精度. 这种由浅入深的方式使学生能够理解测量的科学方法. 并通过调制的方法可以精确测量不同磁光样品的光学特性和特征变量,另外该仪器可以显示磁光调制波形,观测磁光调制现象,研究调制幅度和调制深度的原理.

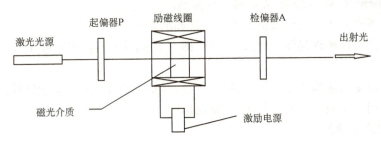

图 6.17.1　磁光调制原理图

图 6.17.2　磁光调制实验仪

1. 接通电源,预热 5 分钟,开始实验.
2. 测量旋光角 $\theta = V \cdot B \cdot L$.
3. 固定磁场强度 B,测量旋光角 θ 和波长 λ 的关系曲线.

【注意事项】激光不要直接射向眼睛.

【探索思考】磁光调制主要应用于哪些领域?

附录 A

十大物理实验

　　物理学是一门实验科学,物理实验在推动科学技术的进步中发挥了举足轻重的作用.物理实验的共同之处是紧紧"抓"住了物理学家眼中"最美丽"的科学之魂.这种美丽铸成经典:用最抽象的构思、最简单的仪器,揭示自然界的本质,把自然界的奥秘真实地呈现在世人面前.

　　这里从众多的实验中遴选了十大物理实验,希望从中能清楚地看出科学家们最重大的发现轨迹,并从中"鸟瞰"科学发展的历史.

一、伽利略的自由落体实验

　　公元前 4 世纪的希腊哲学家亚里士多德(Aristotle)等认为,物体下落的快慢是由它们的重量大小决定的,物体越重,下落越快.由于亚里士多德的名望,在其后两千多年的时间里,人们一直信奉这一学说.

　　出生在意大利的物理学家伽利略(Galileo Galilei,1564～1642)曾在比萨斜塔上做自由落体运动实验,如图 A.1.1 所示,将两个重量不同的球体从相同的高度同时扔下,结果两个铅球同时落地,由此发现了自由落体定律,推翻了此前亚里士多德认为重的物体会先到达地面,落体的速度与它的质量成正比的观点.

　　伽利略认为,自由落体是一种最简单的变速运动.他设想,最简单的变速运动的速度应该是均匀变化的.但是,速度的变化怎样才算均匀呢?他考虑了两种可能:一种是速度的变化对时间来说是均匀的,即经过相等的时间,速度的变化相等;另一种是速度的变化对位移来说是均匀的,即经过相等的位移,速度的变化相

图 A.1.1　比萨斜塔实验

等.伽利略假设第一种方式最简单,并把这种运动叫做匀变速运动.

自由下落的铜球实验时间太短,当时,用实验直接验证自由落体是匀加速运动仍有困难.伽利略采用了间接验证的方法,他让一个铜球从阻力很小的斜面上滚下,做了上百次的实验.小球在斜面上运动的加速度要比它竖直下落时的加速度小,所以时间容易测量些.实验结果表明,光滑斜面的倾角保持不变,从不同位置让小球滚下,小球通过的位移与所用时间的平方之比是不变的,即位移与时间的平方成正比.由此证明了小球沿光滑斜面向下的运动是匀变速直线运动.换用不同质量的小球重复上述实验,结果不变,这说明不同质量的小球沿同一倾角的斜面所作的匀变速直线运动的情况是相同的.不断增大斜面的倾角,重复上述实验,所得结果随斜面倾角的增大而增大,这说明小球作匀变速运动的加速度随斜面倾角的增大而变大.

二、牛顿的棱镜分解太阳光

艾萨克·牛顿(Isaac Newton,1642~1727)出生那年,伽利略与世长辞.1665年,他毕业于剑桥大学的三一学院,因躲避鼠疫在家里待了两年,后来顺利地得到了工作.

17世纪中期,大家都认为白光是一种纯的没有其他颜色的光(亚里士多德就是这样认为的),而彩色光是一种不知何故发生变化的光.一次,他在用自制望远镜观察天体时,无论怎样调整镜片,视点总是不清楚.他想,这可能与光线的折射有关.接着就实验起来,他在暗室的窗户上留一个小圆孔用来透光,在室内窗孔后放一个三棱镜,在三棱镜后挂好白屏接受通

过三棱镜折射的光.结果大出意外,牛顿惊异地看到,白屏上所接受的折射光呈椭圆形,两端现出多彩的颜色来.对这个奇异的现象,牛顿进行了深入的思考,发现光受折射后,太阳的白光散射为红、橙、黄、绿、蓝、靛、紫七种颜色.因此,白光(阳光)是由这七色光线汇合而成.自然界雨后天晴,阳光经过折射、反射,形成五彩缤纷的虹霓,正是这个道理.

经过进一步研究,牛顿指出世界万物所以有颜色,并非其自身有颜色.太阳普照万物,各物体只吸收它所接受的颜色,而将它所不能接受的颜色反射出来.这反射出来的颜色就是人们见到的各种物体的颜色.这一学说准确地道出颜色的根源,世界上自古以来所出现关于各种颜色的学说都被它所推翻.为了验证这个假设,牛顿把一面三棱镜放在阳光下,透过三棱镜,光在墙上被分解为不同颜色,后来称之为光谱.牛顿的结论是:正是这些红、橙、黄、绿、蓝、靛、紫基础色有不同的色谱才形成了表面上颜色单一的白色光.

在色散实验的基础上,牛顿总结出了几条规律,即:①光线随其折射率不同,色也不同.色不是光的变态,而是光线原来的、固有的属性.②同一色同一折射率,不同的色,折射率不同.③色的种类和折射的程度是光线所固有的,不会因折射、反射或其他任何原因而改变.④必须区分两种颜色,一种是原单纯的色,另一种是由原始颜色复合而成的色.⑤本身是白色的光线是没有的,它是由不同颜色的光线按适当比例混合而成的色.⑥由此可解释棱镜分光现象及彩虹的形成.⑦自然物体的色是由于对某种光的反射大于其他光反射的缘故.

三、卡文迪什扭秤实验

根据牛顿提出的直接测量两个物体间的引力的想法,卡文迪什(H. Cavendish,1731~1810)采用扭秤法第一个准确地测定了引力常数.引力常数的准确测定对验证万有引力定律提供了直接的证据.

卡文迪什实验所用的扭秤是英国皇家学会的米歇尔神父制作的.米歇尔制作扭秤的目的是为了测定地球的密度,并与卡文迪什讨论过这一问题.但是,米歇尔还未用它来进行实验,便去世了.米歇尔去世后,这架仪器几经辗转传到了沃莱斯顿神父手里,他又慷慨地赠送给了卡文迪什,这时卡文迪什已是年近古稀的老人了.卡文迪什首先根据自己实验的需要对米歇尔制作的扭秤进行分析,他认为有些部件没有达到他所希望的方便程度.为此,卡文迪什重新制作了绝大部分部件,并对原装置进行了一些改动.卡文迪什认为大铅球对小铅球的引力是极其微小的,任何一个极小的干扰力就会使实验失败.他发现最难以防止的干扰力来自冷热变化和空气的流动.为了排除误差来源,卡文迪什把整个仪器安置在一个密闭房间里,通过望远镜从室外观察扭秤臂杆的摆动,如图 A.3.1 所示.

　　扭秤的主要部分是一个轻而坚固的 T 形架,倒挂在一根金属丝的下端.T 形架水平部分的两端各装一个质量为 m 的小球,T 形架的竖直部分装一面小平面镜 M,它能把射来的光线反射到刻度尺上,这样就能比较精确地测量金属丝的扭转,如图 A.3.2 所示.实验时,把两个质量都是 m' 的大球放在如图所示的位置,它们跟小球的距离相等.由于 m 受到 m' 的吸引,T 形架受到力矩作用而转动,使金属丝发生扭转,产生相反的扭转力矩,阻碍 T 形架转动.当这两个力矩平衡时,T 形架停下来不动.这时金属丝扭转的角度可以从小镜 M 反射的光点在刻度尺上移动的距离求出.再根据金属丝的扭转力矩跟扭转角度的关系,就可以算出这时的扭转力矩,进而求得 m 与 m' 的引力 F.他利用扭秤进行了一系列十分仔细的测量,测得引力常量 $G=6.754\times10^{-11}\mathrm{m}^3\cdot\mathrm{kg}^{-1}\cdot\mathrm{s}^{-2}$,与目前的公认值只差百分之一,在此后的 89 年间竟无人超过他的测量精度.卡文迪什完成了这一重要常数的测定,两年之后就与世长辞了.这一成果也就成了卡文迪什用毕生精力进行科学研究的终结和最后的献礼.

图 A.3.1　卡文迪什实验室

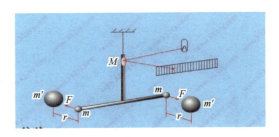

图 A.3.2　卡文迪什

四、托马斯·杨的光干涉实验

托马斯·杨(Thomax Young,1773~1829),英国医生兼物理学家,光的波动

说的奠基人之一.1773 年 6 月 13 日生于
萨默塞特郡的米菲尔顿.他从小就有神童
之称,兴趣十分广泛,后来进入伦敦的圣
巴塞罗缪医学院学医.21 岁时,即以他的
第一篇医学论文成为英国皇家学会会员.
为了进一步深造,他到爱丁堡和剑桥继续
学习,后来又到德国哥廷根去留学.在那
里,他受到一些德国自然哲学家的影响,
开始怀疑起光的微粒说.

　　他曾在百叶窗上开了一个小洞,然后
用厚纸片盖住,再在纸片上戳一个很小的
洞.让光线透过,并用一面镜子反射透过
的光线.然后他用一个厚约 1/30 英寸的
纸片把这束光从中间分成两束.结果看到了相交的光线和阴影.这说明两束光线可
以像波一样相互干涉.这个实验为一个世纪后量子学说的创立起到了至关重要的
作用.

　　1801 年他进行了著名的杨氏双缝实验,证明光以波动形式存在,而不是牛顿
所想象的光粒子(Corpuscles).杨氏干涉实验的巧妙之处在于,他让通过一个小针
孔的一束光,再通过两个小针孔,变成两束光.这样的两束光因为来自同一光源,所
以它们是相干的.结果表明,在光屏上果然看见了明暗相间的干涉图样,如
图 A.4.1 所示.后来,又以狭缝代替针孔,进行了双缝干涉实验,得到了更明亮的
干涉条纹.用自然光和红光做干涉实验,分别得到不同的干涉图样,如图 A.4.2 和
图 A.4.3 所示.

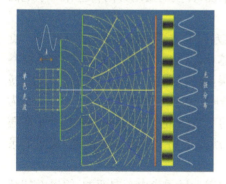

图 A.4.1　杨氏双缝干涉原理图

图 A.4.2　自然白光双缝干涉图样

图 A.4.3　红光双缝干涉图样

托马斯·杨曾被誉为是生理光学的创始人. 他在 1793 年提出人眼里的晶状体会自动调节以适应所见物体的远近. 他也是第一个研究散光的医生(1801 年). 后来,他提出色觉取决于眼睛里的三种不同的神经,分别感觉红色、绿色和蓝色. 后来亥姆霍兹对此理论进行了改进,此理论在 1959 年由实验证明. 他提出颜色的理论,即三原色原理,认为一切色彩都可以由红、绿、蓝三种原色的不同比例混合而成. 这一原理,已成为现代颜色理论的基础.

五、傅科钟摆实验

　　傅科(J. Foucault,1819~1868)出生于巴黎一个出版商家庭. 他按照父亲的意愿,最初当了一名医生,但时间并不长,因为他实在难以忍受医院中血淋淋的情景;随后,他开始转向照相术和物理学方面的实验研究. 从此,傅科开始把他的毕生精力都献给物理学,成为当时最多才多艺的实验物理学家之一,傅科最让人难忘的还是测量地球自转的傅科摆实验.

　　傅科偶然发现了一个展示地球自转的方法. 他首先在自己家中的实验室进行了试验,用一个很重的锤挂在一钟摆上. 就像他自己所想到的,地球自转时,这一钟摆就会在空间的同一平面摆动. 他设想钟摆摆动时,在没有外力的作用下,将保持固定的摆动方向. 如果地球在转动,那么钟摆下方的地面将旋转,而悬在空中的摆具有保持原来摆动方向的趋势;对于观察者来说,钟摆的摆动方向将会相对于地面发生变化.

　　原理找对了,实验却并不好做. 由于钟摆方向的改变是细微的,所以稍强一点的气流就会使实验结果发生变化. 由于摆臂越长,实验效果越明显,所以为了观察到方向的改变,实验地点一定要设置在顶棚很高的厅堂中,顶棚用来悬挂钟摆. 傅科最后选择了巴黎高耸的先贤祠作为实验场所,放了一个钟摆装置,摆的长度为67m,底部的摆锤是重 28kg 的铁球,在铁球的下方镶嵌了一枚细长的尖针并在摆的下方安置了一个沙盘. 摆运动时,摆尖会在沙盘上划出一道道的痕迹,从而记录了摆动方向,如图 A.5.1 所示.

　　实验的结果与傅科的设想完全吻合,摆的摆动显示为由东向西的、缓慢而持续的方向旋转. 傅科的演示直接证明了地球自西向东的自转,所以人们称实验中的钟摆为"傅科摆". 傅科的实验引发了全世界的一股实验热潮,各地的人们纷纷效仿傅

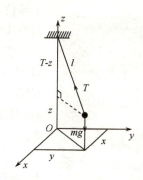

图 A.5.1 傅科实验现场及原理图解

科,用长长的钟摆来揭示地球的自转.傅科的演示说明地球是在围绕地轴自转的.在巴黎的纬度上,钟摆的轨迹是顺时针方向,30h 一周期.在南半球,钟摆应是逆时针转动,而在赤道上将不会转动.在南极,转动周期是 24h.

地球每 24h 自转一周,由于赤道的周长约 40000km,因此人们有"坐地日行八万里"的说法.在赤道上的一点,速度是接近 500m/s,这是子弹出膛时的速度.人像子弹一样地飞驰,却没有一丝感觉,这是由于在惯性的影响下,周围的物体都跟随地球高速转动,彼此之间倒是不即不离.傅科摆在地球的不同地点旋转的速度是不同的,这说明了地球表面不同地点的线速度不同.因此,傅科摆不仅能够验证地球自转,它也可以用于发现摆所处的纬度.傅科摆这样一种简单的摆,在许多不同的领域都能起到很大的作用.最简单的就是物理学中常见的共振现象.它也可能用来计时,甚至可以利用其测量由于地心引力产生的加速度.此外,人们还可以通过它在天文馆或科学博物馆看到地球自转的轨迹.

六、迈克耳孙–莫雷实验

迈克耳孙-莫雷实验是为了观测"以太"是否存在而作的一个实验,是在 1887 年由阿尔伯特·亚伯拉罕·迈克耳孙(Albert Abraham Michelson,1852~1931)与爱德华·莫雷(Edward Morley,1838~1923)合作,在美国的克利夫兰进行的.

当时认为光的传播介质是"以太".由此产生了一个新的问题:地球以 30km/s 的速度绕太阳运动,就必须会遇到 30km/s 的"以太风"迎面吹来,同时,它也必须对光的传播产生影响.这个问题的产生,引起人们去探讨"以太风"存在与否.迈克耳孙-莫雷实验的目的是观测地球相对于"以太"的绝对运动.实验装置是迈克耳孙

干涉仪,该仪器的光路原理图见图 A.6.1,实验原理及实验步骤说明如下:

装置如图所示,整个装置可绕垂直于竖直轴转动. M 是半镀银镜,M_1 和 M_2 是两反射镜,互相垂直,$MM_1=MM_2$ 固定不变. 从光源 S 发出的光经 M 分为两束,再经 M_1、M_2 反射后到达目镜 T 处. 这两束光是相干光.

迈克耳孙和莫雷将干涉仪装在十分平稳的大理石上,并让大理石漂浮在水银槽上,可以平稳地转动. 当整个仪器缓慢转动时连续读数,这时该仪器的精确度为 0.01% ,即能测到 1/100 条条纹移动. 用该仪器测条纹移动应该是很容易的. 迈克尔孙和莫雷设想:如果让仪器转动 $90°$,光通过 MM_1、MM_2 的时间差应改变,干涉条纹要发生移动. 从实验中测出条纹移动. 移动条纹数为 $\Delta N \approx \frac{2L}{\lambda}(\frac{v}{c})^2$,就可以求出地球相对"以太"的运动速度,从而证实"以太"的存在.

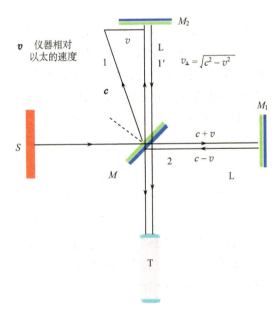

图 A.6.1　迈克耳孙-莫雷实验原理图

1881 年迈克耳孙首次实验,没有观察到预期的条纹移动. 1887 年,迈克耳孙和莫雷提高实验精度,使臂长 $L=11\text{m}$,光波波长 $\lambda=5.9\times10^{-7}\text{m}$,如果取 $v=3.0\times$

10^4m/s(为地球绕太阳公转的速度),预期 $\Delta N \approx 0.37$ 条,但实验观测值小于 0.01 条.当然,太阳系也是运动着的,为了避免公转速度和太阳系运动速度正好抵消这种偶然性,迈克耳孙和莫雷经过半年后又重复实验,结果仍然没观察到干涉条纹移动.之后,迈克耳孙在地球的不同地点、不同季节重复试验,结果是相同的,无法测出地球相对于"以太"的运动.

波的干涉现象是波和传播介质之间的最基本物理规律之一.基于光的波动性,如果光传播需要传播介质"以太",而且介质"以太"不是相对于空间绝对静止的话,则迈克耳孙-莫雷实验将会发现光波的干涉条纹移动,实验却得到了否定的结果.据此,爱因斯坦认为"以太"是不存在的,提出了相对性原理和光速不变原理,建立了狭义相对论.也只有爱因斯坦的狭义相对论能圆满解释迈克耳孙-莫雷实验和其他有关实验.

七、密立根的油滴实验

罗伯特·安德鲁·密立根(Robert Andrews Millikan,1868~1953)生于伊利诺斯州的莫里森,美国实验物理学家,任教于加利福尼亚理工学院,他的努力帮助该校成为世界上最著名的科学中心之一.

1897年,汤姆孙(Thomson)发现了电子的存在后,人们进行了多次尝试,以精确确定它的性质.汤姆孙又测量了这种基本粒子的荷质比,证实了这个比值是唯一的.许多科学家为测量电子的电荷量进行了大量的实验探索工作.

电子电荷的精确数值最早是美国科学家罗伯特·密立根于1917年用实验测得的.密立根在前人工作的基础上,进行基本电荷量 e 的测量,他作了几千次测量,一个油滴要盯住几个小时,可见其艰苦的程度.密立根通过油滴实验,精确地测定基本电荷量 e.密立根用一个香水瓶的喷头向一个透明的小盒子里喷油滴,小盒子的顶部和底部分别连接一个电池,让一边成为正电板,另一边成为负电板,如图 A.7.1.当小油滴通过空气时,就会吸一些静电,油滴下落的速度可以通过改变电板间的电压来控制.密立根不断改变电压,仔细观察每一颗油滴的运动,经过反复试验,他得出结论:电荷的值是某个固定的常量,最小单位就是单个电子的带电量.

密立根实验的伟大意义:这是一个不断发现问题并解决问题的过程.为了实

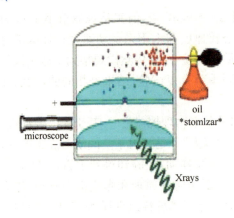

图 A.7.1 密立根实验示意图

现精确测量,他创造了实验所必须的环境条件,例如油滴室的气压和温度的测量和控制.开始他是用水滴作为电荷载体,由于水滴的蒸发,不能得到满意的结果,后来改用了挥发性小的油滴.最初,由实验数据通过公式计算出的 e 值随油滴的减小而增大.面对这一情况,密立根经过分析后认为导致这个谬误的原因在于,实验中选用的油滴很小,对它来说,空气已不能看作连续介质,斯托克斯定律已不适用.因此他通过分析和实验对斯托克斯定律作了修正,得到了合理的结果.密立根的实验装置随着技术的进步而得到了不断的改进,但其实验原理至今仍在当代物理科学研究的前沿发挥着作用,例如,科学家用类似的方法确定出基本粒子——夸克的电量.油滴实验中将微观量测量转化为宏观量测量的巧妙设想和精确构思,以及用比较简单的仪器测得比较精确而稳定的结果等都是富有启发性的.

八、卢瑟福α粒子散射实验

欧内斯特·卢瑟福(Ernest Rutherford,1871~1937),被公认为是 20 世纪最伟大的实验物理学家,在放射性和原子结构等方面,都做出了重大的贡献.他还是最先研究核物理的人.除了理论上非常重要以外,他的发现还在很大范围内有重要的应用,如核电站、放射标志物以及运用放射性测定年代.他对世界的影响力极其重要,并正在增长,其影响还将持久保持下去.他被称为近代原子核物理学之父.

1897 年汤姆孙(J. J. Thomson)测定电子的荷质比,提出了原子模型.他认为原子中的正电荷分布在整个原子空间,即在一个半径 $R \approx 10^{-15}$ m 区间,电子则嵌在布满正电荷的球内.电子处在平衡位置上作简谐振动,从而发出特定频率的电磁波.简单的估算可以给出,辐射频

率约在紫外和可见光区,因此能定性地解释原子的辐射特性.

但是,很快卢瑟福(E. Rutherford)等人的实验否定了这一模型. 1909 年卢瑟福和他的助手盖革(H. Geiger)及学生马斯登(E. Marsden)在做 α 粒子和薄箔散射实验时观察到绝大部分 α 粒子几乎是直接穿过铂箔,但偶然有大约1/800 α 粒子发生散射角大于 90°. 如图 A.8.1 所示.这一实验结果当时在英国用公认的汤姆逊原子模型根本无法解释.在汤姆逊模型中正电荷分布于整个原子,根据对库仑力的分析,α 粒子离球心越近,所受库仑力越小,而在原子外,原子是中性的,α 粒子和原子间几乎没有相互作用力.在球面上库仑力最大,也不可能发生大角度散射.卢瑟福等人经过两年的分析,于 1911 年提出原子的核式模型,一种类似于太阳系的结构,如图 A.8.2 所示.原子中的正电荷集中在原子中心很小的区域内,而且原子的全部质量也集中在这个区域内.原子核的半径近似为 10^{-15} m,约为原子半径的十万分之一.卢瑟福散射实验确立了原子的核式结构,开启了原子核物理的新纪元,原子结构与太阳结构的类似不就是微观与宇观的统一吗?

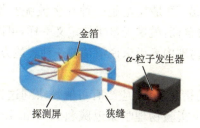

图 A.8.1　卢瑟福实验

图 A.8.2　卢瑟福模型

卢瑟福的主要贡献:他关于放射性的研究确立了放射性是发自原子内部的变化.放射性能使一种原子改变成另一种原子,而这是一般物理和化学变化所达不到的.这一发现打破了元素不会变化的传统观念,使人们对物质结构的研究进入到原子内部这一新的层次,为开辟一个新的科学领域——原子物理学,做了开创性的工作.又如质子的发现,1919 年,卢瑟福做了用 α 粒子轰击氮核的实验.他从氮核中打出的一种粒子,并测定了它的电荷与质量,它的电荷量为一个单位,质量也为一个单位,卢瑟福将之命名为质子.由于电子轨道也就是原子结构的稳定性和经典电动力学的矛盾,才导致玻尔提出背离经典物理学的革命性的量子假设,成为量子力学的先驱.人工核反应的实现是卢瑟福的另一项重大贡献.

九、电子束衍射实验

戴维孙(Clinton Joseph Davisson,1881～1958),美国实验物理学家.因发现电子束衍射现象,证明电子具有波动性而获得1937年诺贝尔物理学奖.

在物理学界,许多科学家对牛顿和托马斯·杨有关光的性质研究得出的结论提出质疑,认为光既不是简单地由微粒构成,也不是一种单纯的波.

德布罗意(Louis Victor de Broglie)在"光学——光量子、衍射和干涉"的论文中提出如下设想:"在一定情形中,任一运动质点能够被衍射,穿过一个相当小的开孔的电子群会表现出衍射现象,正是在这一方面,有可能寻得我们观点的实验验证".

德布罗意在这里并没有明确提出物质波这一概念,他只是用相位波或相波的概念,认为可以假想有一种非物质波.可是究竟是一种什么波呢? 他特别声明:"我特意将相波和周期现象说得比较含糊,就像光量子的定义一样,可以说只是一种解释,因此最好将这一理论看成是物理内容尚未说清楚的一种表达方式,而不能看成是最后定论的学说".

德布罗意认为:"通过电子在晶体上的衍射实验,应当有可能观察到这种假定的波动效应."在他兄长的实验室中有一位实验物理学家道威利尔(Dauvillier)曾试图用阴极射线管做这样的实验,试了一试,没有成功,就放弃了.后来分析,可能是电子的速度不够大,当作靶子的云母晶体吸收了空中游离的电荷.如果实验者认真做下去,肯定会做出结果来的.

1927年,戴维孙研究了电子从封闭在真空管中的金属镍靶的反射.一次,电子管偶然破碎了,被加热的镍靶表面很快就形成了一层氧化膜,不能再当靶标用了.为了去除这层氧化膜,他只好把金属镍加热了很长一段时间.他发现,经过热处理之后,镍的反射性能改变了.研究结果表明,镍靶在受热前有许

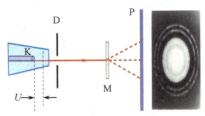

图 A.9.1　电子束衍射图

多微小的结晶面,加热后变成了几个大的结晶面.戴维孙抓住这个现象不放,终于得出正确的结论.后来,他用这种方法制成了一块单晶镍,作靶标使用.这时,他发现电子束不仅受到反射,而且发生了衍射,而衍射乃是波非粒子的特征(图 A.9.1).就这

样,电子的波动性被证实了,从而也证实了德布罗意的假设.同一年,英国物理学家
G. P. 汤姆孙使用不同的方法独立证实了电子的波动性.

十、弱相互作用下宇称不守恒实验

吴健雄(1912～1997),江苏苏州太仓人,核物理学家,物理学界巨擘泡利的得意门生,素有"东方居里夫人"之称.在β衰变研究领域具有世界性的贡献,被誉为"核物理女王".

但在1954～1956年,科学家在粒子物理研究中遇到了一个难题,即所谓的"τ-θ之谜",就是荷电的κ介子有两种衰变方式,一种记为τ介子,一种记为θ介子.这两种粒子的质量、电荷、寿命、自旋等几乎完全相同,以致于人们不能不怀疑它们是同一粒子.然而另一方面,它们的衰变情形却不相同,表现为宇称不相同.当τ粒子衰变时,产生三个π介子,它们的宇称为负;而θ粒子衰变时产生两个π介子,它们的宇称为正.也就是说,τ粒子与θ粒子衰变时具有完全相反的宇称.1956年李政道、杨振宁提出在β衰变过程中宇称可能不守恒.

吴健雄立即领导她的小组进行了一个实验,吴健雄用两套实验装置观测钴60的衰变,她在极低温(0.01K)下用强磁场把一套装置中的钴60原子核自旋方向转

向左旋,把另一套装置中的钴60原子核自旋方向转向右旋,这两套装置中的钴60互为镜像.

1956年11月间,实验显示出他们看到了一个很大的效应,大家都很兴奋.吴健雄得到消息赶去看了一下,觉得那个效应太大,不可能是所要的结果.后来他们检查了实验的装置,发现这个太大的效应果然是由于里面的实验物件因磁场造成应力而塌垮了所造成的.

经过重新安排实验,到12月中旬,再次看到一个比较小的效应.吴健雄判断,这才是要找的效应.杨振宁认为,这种过人的洞察力,也是吴健雄成为一位优秀科学家

的原因.

实验结果表明,这两套装置中的钴 60 放射出来的电子数有很大差异,而且电子放射的方向也不能互相对称. 就是说,钴 60 原子核的自旋方向和它的 β 衰变的电子出射方向形成左手螺旋,而不形成右手螺旋. 但如果宇称守恒,则必须左右对称,左右手螺旋两种机会相等. 因此,这个实验结果证实了弱相互作用中的宇称不守恒.

附录 B

十大实验型物理学家

物理学分为理论物理和实验物理,物理学家也可以分为理论物理学家和实验物理学家. 当然,物理学中理论和实验都是必不可缺的组成部分,所以有时候这样的分类并非绝对,只不过在一个物理学家更偏重理论(或实验)的情况下,他(她)被称为理论物理学家,或称为实验物理学家.

一、布拉格父子

威廉·亨利·布拉格(Sir William Henry Bragg,1862～1942),英国物理学家,现代固体物理学的奠基人之一. 他早年在剑桥三一学院学习数学,曾任澳大利亚阿德莱德大学及英国利兹大学、伦敦大学教授,1940 年出任皇家学会会长. 由于在使用 X 射线衍射研究晶体原子和分子结构方面所作出的开创性贡献,他与儿子威廉·劳伦斯·布拉格(Sir William Lawrence Bragg, 1890～1971)分享了 1915 年诺贝尔物理学奖(如图 B.1.1 所示).父子两代同获一个诺贝尔奖,这在历史上是绝无仅有的.同时,他还作为一名杰出的社会活动

图 B.1.1 布拉格父子

家,在 20 世纪二三十年代是英国公共事务中的风云人物.

1895 年发现 X 射线之后,许多物理学家认为它是一种特殊的光线其性质应该与波一致. 但是没有人能够肯定,因为尚无人能够确凿无疑地证实 X 射线具有衍射等波特有的性质. 关键问题是,在进行衍射试验时,光栅缝隙的大小应该与试验对象的波长相当. 每英寸两万线的光栅适用于可见光. 但是 X 射线比可见光能量大得多,按照经典物理学的解释,意味着其波长要短得多——可能只有可见光波长的千分之一.

　　1913 年 1 月,亨利·布拉格用他的电离室得出了肯定的结果,并在这一实验的基础上,该年 3 月又进一步设计制成一台 X 射线分光计. 他开始利用这台仪器,研究 X 射线的光谱分布,波长与普朗克常量、辐射体及吸收体原子量之间的关系. 随即又对 X 射线衍射作了进一步研究,他用一波长已知的 X 射线求原子面的间隔 d,从而确定了晶体的结构. 到了 1913 年底,布拉格父子两人已把晶体结构分析问题总结成了标准的步骤,建立了晶体 X 射线衍射公式:$2d\sin\theta=n\lambda$,并以他们的名字命名,如图 B.1.2 所示. X 射线晶体结构分析形成了一门崭新的晶体结构分析技术. 这时离 X 射线衍射现象的发现还不到两年,小布拉格只有 23 岁.

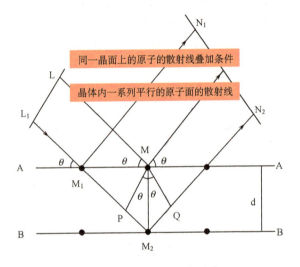

同一晶面上的原子的散射线叠加条件

晶体内一系列平行的原子面的散射线

图 B.1.2　布拉格公式图示

二、威尔逊

　　查尔斯·T. R. 威尔逊(Charles Thomson Rees Wilson,1869～1959),1869 年 2 月 14 日生于苏格兰南部锡格伦科斯附近的一个乡村. 他的父亲是一位农民,由于在牧羊业方面进行的新实验而在苏格兰享有名声. 威尔逊是弟兄八人中最小的一个.

　　威尔逊一生的贡献很多,但是最主要的是发明了云室. 此事说来话长,那是由他的老师汤姆生的一番谈话引起的. 有一天汤姆生向威尔逊提起,说他需要一种特别的仪器,这种仪器要能够显示出各个电子经由空气时所走路线的路径. 威尔逊把老师的话牢牢记在心里,决心把这一设想变成现实. 从此,他一心扑在制造这种仪器的工作上. 经过长期的磨炼,威尔逊炼出了一双特别灵巧的手和睿智的头脑. 他善于做各种实验. 据说,当时的剑桥大学,没有一个人能做出比他更出色的实验. 所有这些都为他后来发明云室创造了有利条件.

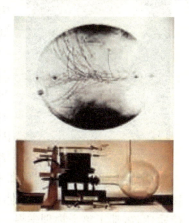

1895年,他设计了一套设备,使水蒸气冷凝形成云雾,如图 B.2.1 所示. 当时人们认为,要使水蒸气凝结,每颗雾珠必须有一个尘埃为核心. 威尔逊仔细除去仪器中的尘埃后发现,无需尘埃,而用 X 射线照射云室时,云雾立即出现,这证明凝聚现象是以离子为中心出现的. 经过四年研究,他总结出,当无尘空气的体积膨胀比为 1.25 时,负离子开始成为凝聚核心;当膨胀比为 1.28 时,负离子全部成为凝聚核心. 对于正离子来说,膨胀比

图 B.2.1　威尔逊云室

为 1.31 时开始成为凝聚核心,膨胀比为 1.35 时全部成为凝聚核心. 另一方面,他还指出,离子的电荷对水蒸气分子产生作用力,有助于雾珠的扩大. 1912 年,威尔逊为云室增设了拍摄带电粒子径迹的照相设备,使它成为研究射线的重要仪器,用这个云室拍摄了 α 粒子的图象. 据此获得 1927 年诺贝尔物理学奖.

威尔逊还对空气电导率进行过深入的研究. 1900 年,他使用绝缘良好的验电器进行实验,发现无论是在日光下或在黑暗中,也无论是对正电荷或负电荷进行试验时,发现总有残留漏电的现象. 这是什么原因? 威尔逊阐述说:"目前进行的实验,只是为了试验无尘空气中离子的产生,是否由于大气外某种辐射源的辐射所致? 这种射线也许类似伦琴射线或阴极射线,但它具有非常巨大的穿透本领". 这一创造性的假设,终于在 1915 年为维克托·佛朗西斯·赫斯(Victor Franz Hess)所验证. 赫斯把一个验电器安装在气球上,从而发现了空气的电导率在起初下降之后便随高度而增加,赫斯据此提出了存在"宇宙辐射"的假设,并用实验进行验证,因而获得 1936 年诺贝尔物理学奖.

三、汤姆孙

约瑟夫·约翰·汤姆孙(Joseph John Thomson,1856～1940),著名的英国物理学家,以其对电子和同位素的实验著称. 他是第三任卡文迪什实验室主任. 他发现了电子,并且获得了 1906 年诺贝尔物理学奖.

1891 年汤姆孙用法拉第管开始了原子核结构的理论研究. 他研究了阴极射线在磁场和电场中的偏转, 作了比值 e/m（电子的电荷与质量之比）的测定, 从实验上发现了电子的存在. 他把电子看成原子的组成部分, 用原子内电子的数目和分布来解释元素的化学性质. 提出了原子模型, 把原子看成是一个带正电的球, 电子在球内运动. 他还进一步研究了原子的内部构造和阳极射线. 1912 年与阿斯顿共同进行阳极射线的质量分析, 发现了氖的同位素. 1906 年他因在气体导电研究方面的成就获得了诺贝尔物理学奖.

1884 年, 28 岁的汤姆孙在瑞利的推荐下, 担任了卡文迪什实验室物理学教授. 1897 年汤姆孙在研究稀薄气体放电的实验中, 证明了电子的存在, 测定了电子的荷质比, 轰动了整个物理学界.

1897 年, 汤姆孙将一块涂有硫化锌的小玻璃片, 放在阴极射线所经过的路途上, 看到硫化锌会发闪光. 这说明硫化锌能显示出阴极射线的"径迹". 他发现在一般情况下, 阴极射线是直线行进的, 但当在射线管的外面加上电场, 或用一块蹄形磁铁跨放在射线管的外面, 结果发现阴极射线都发生了偏折, 装置如图 B.3.1 所示. 根据其偏折的方向, 不难判断出带电粒子的性质.

汤姆孙得出结论: 这些"射线"不是以太波, 而是带负电的物质粒子. 但他反问自己: "这些粒子是什么呢? 它们是原子还是分子, 还是处在更细的平衡状态中的物质?" 这需要作更精细的实验. 当时还不知道比原子更小的东西, 因此汤姆孙假定这是一种被电离的原子, 即带负电的"离子". 他要测量出这种"离子"的质量来, 为此, 他设计了一系列即简单又巧妙的实验. 首

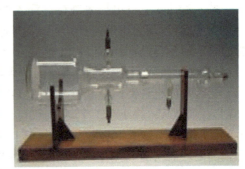

图 B.3.1　阴极射线管

先, 单独的电场或磁场都能使带电体偏转, 而磁场对粒子施加的力是与粒子的速度有关的. 汤姆孙对粒子同时施加一个电场和磁场, 并调节到电场和磁场所造成的粒子的偏转互相抵消, 让粒子仍作直线运动. 这样, 从电场和磁场的强度比值就能算出粒子运动速度. 而速度一旦找到后, 单靠磁偏转或者电偏转就可以测出粒子的电荷与质量的比值. 汤姆孙用这种方法来测定"微粒"电荷与质量之比值. 发现这个比值和气体的性质无关, 并且该值比电解质中氢离子的比值（这是当时已知的最大

量)还要大得多．这说明这种粒子的质量比氢原子的质量要小得多,前者大约是后者的二千分之一．

四、伦琴

威廉·康拉德·伦琴(Wilhelm Conrad Roentgen,1845～1923),德国实验物理学家．伦琴 1845 年 3 月 27 日出生在德国尼普镇,3 岁时全家迁居荷兰并入荷兰籍.

1895 年,伦琴使用他的同行赫兹、希托夫、克鲁克斯、特斯拉和莱纳德设计的设备研究真空管中的高压放电效应,如图 B.4.1 所示.11 月初伦琴重复莱纳德管试验,在莱纳德管中加入了一个很窄的金属铝做的窗口,允许阴极射线从管子射出来,另外有块纸板覆盖住铝窗口保护它不被产生阴极射线的强电场区破坏.他知道纸屏能够防止光线逃逸,但是当他用涂了氰亚铂酸钡的小纸屏靠近铝窗,看不到的阴极射线能够在纸屏上产生荧光效应.这让伦琴想到,比莱纳德管的管壁更厚的克鲁克斯管可能也会导致荧光效应.

图 B.4.1　伦琴实验

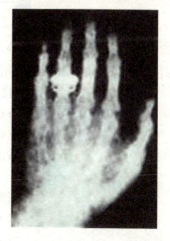

图 B.4.2　X 射线图像

1895 年 11 月 8 日下午晚些时候,他决定试验他的想法.他仔细地做了一个跟莱纳德管试验类似的黑纸屏,并用这块板覆盖住克鲁克斯管并把电极放到一个感应线圈（旧称为"鲁姆科夫线圈"）中来产生静电电荷.在用氰亚铂酸钡屏验证他的想法之前,伦琴把房间弄暗以检测是不是他的纸板漏光.当他把线圈穿过管子的时候,确定板子确实不透光,并着手进行下一步实验.就在这时,他从距离试验管几米远的地方注意到微弱的光.为了确定他的发现,他试着重复上面的操作,每次都能看到同样的微光.擦燃一根火柴,他才发现是他放在工作台上准备下一步使用的氰亚铂酸钡发光.

接下来的几个小时伦琴一遍一遍的重复着试验.他很快定出一个距离管子的特定距离,从这里能够观察到比前面的试验更强的荧光.他推测可能发现了一种新的射线.11月8日是一个星期五,伦琴利用这个周末重复试验并做了第一次记录.在接下来的几个星期他在实验室内吃住,研究了他暂时命名为X射线的新射线的几乎所有性质,并且对未知的部分给出数学表示.尽管最终新的射线用他的名字来命名为伦琴射线,但是他总是首选最初的术语X射线,如图B.4.2所示.

伦琴发现X射线并非偶然,他也不是独自工作.据调查,当时多个国家不少人都在进行这方面的研究,而且发现时间也很接近.事实上,2年前宾夕法尼亚大学就已经制造出X射线和它的影像记录.然而,那里的研究人员没有意识到这一发现的重要性,只是把他们归档了事,因此也就失去了获得最伟大物理发现的赞誉的机会.他碰巧在屏上发现的东西把他的注意力从原来的研究中引开了,由于这一发现,伦琴获得了1901年诺贝尔物理学奖.

五、塞曼

塞曼（Pieter Zeeman,1865～1943）,荷兰物理学家.1885年,他进入莱顿大学后,与洛伦茨多年共事,并当过洛伦茨的助教.塞曼对洛伦茨的电磁理论很熟悉,实

验技术也很精湛,1892年曾因仔细测量克尔效应而获金质奖章,并于1893年获博士学位.他在研究磁场对光谱的影响时,得益于洛伦茨的指导和洛伦茨理论,从而作出了有重大意义的发现.

1896年,塞曼使用半径10英尺的凹形罗兰光栅观察磁场中的钠火焰的光谱,他发现钠的D谱线似乎出现了加宽的现象.这种加宽现象实际是谱线发生了分裂.随后不久,塞曼的老师、荷兰物理学家洛伦茨应用经典电磁理论对这种现象进行了解释.他认为,由于电子存在轨道磁矩,并且磁矩方向在空间的取向是量子化的,因此在磁场作用下能级发

生分裂,谱线分裂成间隔相等的 3 条谱线. 图 B.5.1 为黄光加磁场塞曼效应图谱. 塞曼和洛伦茨因为这一发现共同获得了 1902 年的诺贝尔物理学奖.

1897 年 12 月,普雷斯顿(T. supeston)报告称,在很多实验中观察到光谱线有时并非分裂成 3 条,间隔也不尽相同,人们把这种现象叫做为反常塞曼效应,将塞曼原来发现的现象叫做正常塞曼效应. 反常塞曼效应的机制在其后二十余年时间里一直没能得到很好的解释,困扰了一大批物理学家. 1925 年,两名荷兰学

图 B.5.1　塞曼效应图谱

生乌仑贝克(G. E. Uhlenbeck,1900~1974)和古兹米特(S. A. Goudsmit,1902~1978)提出了电子自旋假设,很好地解释了反常塞曼效应,原理如图 B.5.2 所示.

应用正常塞曼效应测量谱线分裂的频率间隔可以测出电子的荷质比. 由此计算得到的荷质比数值与约瑟夫·汤姆生在阴极射线偏转实验中测得的电子荷质比数量级是相同的,二者互相印证,进一步证实了电子的存在.

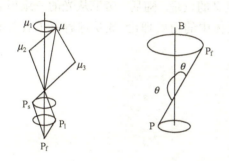

塞曼效应是继 1845 年法拉第效应和 1875 年克尔效应之后发现的第三个磁场对光有影响的实例. 塞曼效应证实了原子磁矩的空间量子化,为研究原子结构提供了重要途径,被认为是 19 世纪末 20 世纪初物理学最重要的发现之一. 利用塞曼效应可以测量电子的荷质比. 在天体物理中,塞曼效应可以用来测量天体的磁场. 1908 年美国天文学家海尔等人在威尔逊山天文台利用塞曼效应,首次测量到了太阳黑子的磁场.

图 B.5.2　角动量旋进、角动量和磁矩矢量图

六、冯·劳厄

冯·劳厄(Max Theodor Felix Von Laue,1879~1960),生于科布伦茨附近的普法芬多费. 1898~1903 年,先后在斯特拉斯堡大学、格丁根大学、慕尼黑大学学习. 劳厄是一位正直和有骨气的科学家,在整个第三帝国时期,他始终反对民族主义和德国的法西斯暴政,曾给予爱因斯坦巨大的精神援助. 因为从 X 射线通过晶体的衍射证实了 X 射线的波长,证明晶体的点阵结构而获得 1914 年诺贝尔物理

学奖.

　　自从 1895 年伦琴发现 X 射线以来,关于 X 射线的本质,科学家们提出了各自的看法.劳厄认为,X 射线是电磁波.他在与博士研究生厄瓦耳交谈时,产生了用 X 射线照射晶体以研究固体结构的想法,他设想,X 射线是波长极短的电磁波,而晶体是原子(离子)的有规则的三维排列,只要 X 射线的波长和晶体中原子(离子)的间距具有相同的数量级,那么当用 X 射线照射晶体时就应能观察到衍射现象.在劳厄的鼓励下,索末菲的助教弗里德里奇和伦琴的博士研究生克尼平在 1912 年开始了这项实验,他们把一个垂直于晶轴切割的平行晶片放在 X 射线源和照相底片之间,结果在照相底片上显示出了有规则的斑点群.后来,科学界称其为"劳厄图样",如图 B.6.1 所示.劳厄设想的实验一举解决了 X 射线的本性问题,并初步揭示了晶体的微观结构.爱因斯坦曾称此实验为"物理学最美的实验",这是固体物理学中具有里程碑意义的发现.随后,劳厄从光的三维衍射理论出发,以几何观点完成了 X 射线在晶体中的衍射理论,成功地解释了有关的

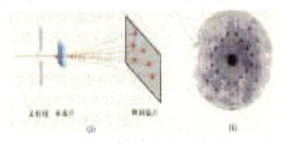

图 B.6.1　劳厄的 X 射线衍射图样

实验结果.但由于他忽略了晶体中原子(离子)的热运动,这个理论还只是近似的.到 1931 年,劳厄终于完成了 X 射线的"动力学理论".劳厄的这项工作为在实验上证实电子的波动性奠定了基础,对此后的物理学发展作出了重要贡献.

　　将具连续波长分布的"白色"X 射线作用于静止安置的单晶以获取衍射信息的方法称为劳厄法.早期的劳厄法以平板的感光胶片置于按一定轴向或晶棱取向安置的单晶样品之后,根据所得劳厄衍射图的花样判断该晶轴或晶棱方向的对称性,以助于对晶体劳厄点群的研究,如图 B.6.2 所示.由于 X 射线源、晶体与底片的相

图 B.6.2　晶体结构图

互位置不同,而又分为透射劳厄法和背射劳厄法.20 世纪 80～90 年代间,利用同步辐射强白色 X 射线源,结合高能储存环等新技术,以劳厄法已做到只需毫秒级时间即可完成收集一套蛋白或病毒晶体的衍射数据,这意味着时间分辨大分子晶体学业已诞生.

七、费米

恩利克·费米(Enrica Fermi,1901～1954),美国物理学家.他在理论和实验方面都有第一流建树,这在现代物理学家中是屈指可数的.100 号化学元素镄就是为纪念他而命名的.1949 年,揭示宇宙线中原粒子的加速机制,研究了 π 介子、μ 子和核子的相互作用,提出宇宙线起源理论.1952 年,发现了第一个强子共振——同位旋四重态.1949 年,与杨振宁合作,提出基本粒子的第一个复合模型.

1924 年费米到荷兰莱顿研究所工作,1926 年任罗马大学理论物理学教授,1929 年任意大利皇家科学院院士.当时他已经发表了他的第一篇主要论文,论述了物理学中的一个深奥的分支,人称量子统计学.在这篇论文中,费米发展了量子统计学,用它来描述某类粒子大量聚集的行为,这类粒子人称费米子,如图 B.7.1 所示.由于电子、质子和中子——构成普通物质的三种"建筑材料"都是费米子,所以费米学说具有重要的科学意义.

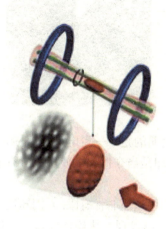

图 B.7.1　费米子模型

由于恩利克·费米是世界上主要的中子权威,且集理论与实验天才于一身,美国政府有意建立一个原子反应堆,以探明自保持的链式反应是否确实可行,于是成立了费米国家实验室,如图 B.7.2 所示.费米被选为世界第一台核反应堆攻关小组组长.1942 年 12 月 2 日,费米指导下设计和制造出来的核反应堆首次运转成功.这是原子时代的真正开端,因为这是人类第一次成功地进行了一次核链式反应.随着这项实验的成功,即刻做出了全速开展哈曼顿工程计划.费米在这项工程中作为一位主要的科学顾问,继续发挥着重要的作用.费米的主要贡献在于他在发明核反应堆中所起的重要作用.他最先对有

图 B.7.2　费米国家实验室

关方面的基础理论做出了重大的贡献,随后又亲自指挥第一座核反应堆的设计和建造.战后,费米在芝加哥大学任教授.

从 1945 年以来,原子武器从未用于战争,出于和平目的,大量的核反应堆建成用来产生能源.在未来,反应堆将成为更重要的能源.此外,一些反应堆被用来生产有用的放射性同位素,用在医学和科学研究上反应堆还是钚的一个来源,这是制造原子武器的一种材料,不管是好还是坏,费米的工作对未来世界产生了巨大的影响.

八、法拉第

迈克尔·法拉第(Michael Faraday,1791~1869),英国物理学家、化学家,也是著名的自学成才的科学家.生于萨里郡纽因顿一个贫苦铁匠家庭,仅上过小学.1831 年,他作出了关于力场的关键性突破,永远改变了人类文明.1815 年 5 月回到皇家研究所在戴维指导下进行化学研究.1824 年 1 月当选皇家学会会员,1825 年 2 月任皇家研究所实验室主任,1833~1862 年任皇家研究所化学教授.1846 年荣获伦福德奖章和皇家勋章.

1819 年,奥斯特已发现如果电路中有电流通过,它附近的普通罗盘的磁针就会发生偏移.1821 年,法拉第从奥斯特实验中得到启发,认为假如磁铁固定,线圈就可能会运动.根据这种设想,他成功地发明了一种简单的装置.在装置内,只要有电流通过线圈,线圈就会绕着一块磁铁不停地转动.事实上法拉第发明的是第一台电动机,是第一台使用电流使物体运动的装置.虽然装置简陋,但它却是当今世界上使用的所有电动机的祖先.

电动机的发明是一项重大的突破,只是它的实际用途还非常有限.人们知道静止的磁铁不会使附近的线路内产生电流.1831 年法拉第发现一块磁铁穿过一个闭合线路时,线路内就会有电流产生,这个效应叫电磁感应.一般认为法拉第的电磁感应定律是他的一项最伟大的贡献,其原理如图B.8.1所示.

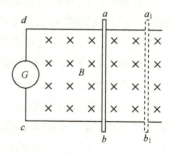

图 B.8.1　电磁感应定律

法拉第仔细地分析了电流的磁效应等现象,认为既然电能够产生磁,反过来,磁也应该能产生电.于是,他企图从静止的磁力对导线或线圈的作用中产生电流,但是努力失败了.经过近 10 年的不断实验,到1831 年法拉第终于发现,一个通电线圈的磁力虽然不能在另一个线圈中引起电流,但是当通电线圈的电流刚接通或中断的时候,另一个线圈中的电流计指针有微小偏转.法拉第心明眼亮,经过反复实验,都证实了当磁作用力发生变化时,另一个线圈中就有电流产生.他又设计了各种各样的实验,比如两个线圈发生相对运动,磁作用力的变化同样也能产生电流.这样,法拉第终于用实验揭开了电磁感应定律.法拉第的这个发现扫清了探索电磁本质道路上的拦路虎,开通了在电池之外大量产生电流的新道路.根据这个实验,1831 年 10 月 28 日法拉第发明了圆盘发电机,这是法拉第第二项重大的电发明,如图B.8.2所示.这个圆盘发电机,结构虽然简单,但它却是人类创造出的第一个发电机.现代世界上产生电力的发电机就是从它开始的.

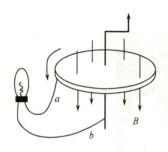

图 B.8.2　法拉第电机

九、赫兹

海因里希·鲁道夫·赫兹(Heinrich Rudolf Hertz,1857～1894),德国物理学家,于 1888 年首先证实了电磁波的存在.并对电磁学有很大的贡献,故频率的国际单位制单位赫兹以他的名字命名.

赫兹在柏林大学随赫尔姆霍兹学物理时,受赫尔姆霍兹之鼓励研究麦克斯韦电磁理论,当时德国物理界深信韦伯的电力与磁力可瞬时传送的理论.因此赫兹就决定以实验来证实韦伯与麦克斯韦理论谁的正确.依照麦克斯韦理论,电扰动能辐射电磁波.

赫兹根据电容器经由电火花隙会产生振荡原理,设计了一套电磁波发生器,赫兹将一感应线圈的两端接于产生器二铜棒上.当感应线圈的电流突然中断时,其感应高电压使电火花隙之间产生火花.瞬间后,电荷便经由电火花隙在锌板间振荡,频率高达数百万周.由麦克斯韦理论,此火花应产生电磁波,于是赫兹设计了一简单的检波器来探测此电磁波.他将一小段导线弯成圆形,线的两端点间留有小电火花隙.因电磁波应在此小线圈上产生感应电压,而使电火花隙产生火花.所以他坐在一暗室内,检波器距振荡器10米远,结果他发现检波器的电火花隙间确有小火花产生.赫兹在暗室远端的墙壁上覆有可反射电波的锌板,入射波与反射波叠加应产生驻波,他也以检波器在距振荡器不同距离处侦测加以证实,赫兹实验装置及实验条件如图 B.9.1 所示.赫兹先求出振荡器的频率,又以检波器量得驻波的波长,二者乘积即电磁波的传播速度.正如麦克斯韦预测的一样,电磁波传播的速度等于光速.

图 B.9.1 赫兹电火花实验装置

1888 年,赫兹的实验成功了,麦克斯韦理论也因此获得了无上的光彩.赫兹在实验时曾指出,电磁波可以被反射、折射.由他的振荡器所发出的电磁波是平面偏振波,其电场平行于振荡器的导线,而磁场垂直于电场,且两者均垂直传播方向.1889 年在一次著名的演说中,赫兹明确地指出,光波是一种电磁波.第一次以电磁波传递信息是 1896 年意大利的马可尼开始的.1901 年,马可尼又成功地将信号送到大西洋彼岸的美国.20 世纪无线电通信更有了异常惊人的发展.赫兹实验不仅证实麦克斯韦的电磁理论,更为无线电、电视和雷达的发展找到了途径.随着迈克耳孙在 1881 年进行的实验和 1887 年的迈克耳孙-莫雷实验推翻了光以太的存在,赫兹改写了麦克斯韦方程组,将新的发现纳入其中.通过实验,他证明电信号像詹姆斯·麦克斯韦和迈克尔·法拉第预言的那样可以穿越空气,这一理论是发明无线电的基础.他注意到带电物体当被紫外光照射时会很快失去它的电荷,发现了光电效应(后来由阿尔伯特·爱因斯坦给予解释).

十、安培

安德烈·玛丽·安培(André-Marie Ampère,1775~1836),法国化学家,在电磁作用方面的研究成就卓著,对数学和物理也有贡献.电流的国际单位安培即以其姓氏命名.

1820 年 7 月 21 日丹麦物理学家奥斯特发现了电流的磁效应.法国物理学界长期信奉库仑关于电、磁没有关系的信条,这个重大发现使他们受到极大的震动,以阿拉果(1786~1853)、安培等为代表的法国物理学家迅速作出反应.8 月末阿拉果在瑞士听到奥斯特成功的消息,立即赶回法国,9 月 11 日就向法国科学院报告了奥斯特的实验细节.安培听了报告之后,第二天就重复了奥斯特的实验,并于 9 月 18 日向法国科学院报告了第一篇论文,提出了磁针转动方向和电流方向的关系服从右手定则,以后这个定则被命名为安培定则,如图 B.10.1 所示.9 月 25 日安培向科学院报告了第二篇论文,提出了电流方向相同的两条平行载流导线互相吸引,电流方向相反的两条平行载流导线互相排斥.10 月 9 日报告了第三篇论文,阐述了各种形状的曲线载流导线之间的相互作用.

后来,安培又做了许多实验,并运用高度的数学技巧于 1826 年总结出电流元之间作用力的定律,描述两电流元之间的相互作用同两电流元的大小、间距以及相对取向之间的关系.后来人们把这个定律称为安培定律.12 月 4 日安培向科学院报告了这个成果.安培并不满足于这些实验研究的成果,1821 年 1 月,他提出了著名的分子电流的假设,认为每个分子的圆电流形成一个小磁体,这是形成物体宏观磁性的原因,如图 B.10.2.安培还对比了静力学和动力学的名称,第一个把研究动电的理论称为"电动力学".此外,安培还发现,电流在线圈中流动的时候表现出来的磁性和磁铁相似,制造出第一个螺线管,在这个基础上发明了探测和量度电流的电流计.

安培将他的研究综合在《电动力学现象的数学理论》一书中,成为电磁学史上一部重要的经典论著.麦克斯韦称赞安培的工作是"科学上最光辉的成就之一,还把安培誉为"电学中的牛顿".安培还是发展测电技术的第一人,他用自动转动的磁针制成测量电流的仪器,以后经过改进称电流计.安培在他的一生中,只有很短的

图 B.10.1　安培定则

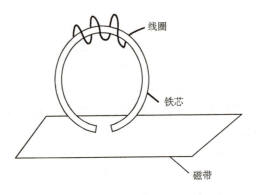

图 B.10.2　分子电流假说

时期从事物理工作,可是他却能以独特的、透彻的分析,论述带电导线的磁效应,因此我们称他是电动力学的先创者,他是当之无愧的.

附录 C

巨人的集会

照片历史背景:

  1927 年 10 月 24 日至 29 日召开第五次索尔维会议. 此次会议主题为"电子和光子",世界上最杰出的物理学家聚在一起讨论重新阐明的量子理论,会议上最出众的角色是爱因斯坦和尼尔斯·玻尔. 前者以"上帝不会掷骰子"的观点反对海森伯的不确定性原理,而玻尔反驳道,"爱因斯坦,不要告诉上帝怎么做"——这一争论被称为玻尔-爱因斯坦论战. 参加这次会议的 29 人中有 17 人获得或后来获得诺贝尔奖.

与会者坐位排列：

第三排：皮卡尔德、亨里奥特、埃伦费斯特、赫尔岑、顿德尔、薛定谔、维夏菲尔特、泡利、海森伯、福勒、布里渊；

第二排：德拜、努森、布拉格、克雷默、狄拉克、康普顿、德布罗意、玻恩、玻尔；

第一排：朗缪尔、普朗克、居里、洛伦茨、爱因斯坦、朗之万、古耶、威尔逊、理查森.

参 考 文 献

陈汉军. 2007. 大学物理演示实验教程. 成都：西南交通大学出版社

陈熙谋. 2005. 物理演示实验. 北京：高等教育出版社

路峻岭. 2005. 物理演示实验教程. 北京：清华大学出版社

全志义. 1984. 大学物理演示实验讲义. 广州

孙锡良. 2004. 大学物理演示实验内部教材. 长沙

杨兵初. 2010. 大学物理学. 北京：高等教育出版社

苑立波. 2010. 触摸科学体验发现. 北京：国防科学出版社

张智. 2005. 大学物理演示实验. 长沙：湖南大学出版社

赵建林. 2006. 大学物理学. 北京：高等教育出版社

仲志强. 2009. 大学物理实验. 南京：南京大学出版社